U0604812

有些事现在不做，
一辈子都不会做了

THERE IS SOMETHING
NOT TO DO . . . NOW

YOU WILL   NEVER
DO IT . . IN FUTURE

5 / 6

两 / 个 / 人 / 的 / 生 / 活
L o v e r s ' L i f e

韩梅梅 / 作品
by Han-MeiMei

北京联合出版公司
Beijing United Publishing Co.,Ltd.

图书在版编目（CIP）数据

有些事现在不做，一辈子都不会做了.5,两个人的生活/韩梅梅
著.—北京：北京联合出版公司，2017.3

ISBN 978-7-5502-9424-0

Ⅰ.①有… Ⅱ.①韩… Ⅲ.①人生哲学—通俗读物
Ⅳ.① B821-49

中国版本图书馆 CIP 数据核字 (2016) 第 295108 号

有些事现在不做，一辈子都不会做了 . 5，两个人的生活

作　　者：韩梅梅
责任编辑：李艳芬　夏应鹏
特约策划：青辰
特约编辑：牟雪寒

- -

北京联合出版公司出版
（北京市西城区德外大街 83 号楼 9 层　100088）
北京市雅迪彩色印刷有限公司印刷　　新华书店经销
字数：181 千字　　787mm×1092mm　　1/32　　印张：8
2017 年 3 月第 1 版　2017 年 3 月第 1 次印刷
ISBN 978-7-5502-9424-0
定价：32.80 元

- -

未经许可，不得以任何方式复制或抄袭本书部分或全部内容
版权所有，侵权必究
如发现图书质量问题，可联系调换。质量投诉电话：010-68210805

目 录 CONTENTS

Into

自从有了你

曾经，我一个人。

一个人住。

一个人走路。

一个人吃饭。

一个人睡觉。

一个人去看病。

一个人哭。

一个人笑。

我一个人，暴饮暴食。有时候一整天不吃饭。

我一个人，昼夜颠倒，晚上睡不着，白天睡不醒。

我一个人，依赖网络，走到哪里，都离不开电脑。

我一个人，内心焦灼，抽烟喝酒，疯狂购物。

我曾一个人，情绪低落，自我贬低，拖延症和抑郁症都来

困扰。对很多事，都没有兴趣。

一个人，连房间都不想打扫。
一个人，脆弱得不行，动不动就想哭。
一个人，常常沉默。可是有时候，又话痨到想抽自己！
有时候，我对自己说，出去散散心吧，可又懒得起身。
我曾一个人，看不清未来，快要坚持不住。

自从有了你。
这一切，全都变了。
因为有了你，我**焕然一新**。

我变得积极、向上，看到希望。
因为你，开心的时候多了起来。
一种叫"心里踏实"的感觉，让我俯身感谢所有错过、伤害过我的人。如果不是他们让路，我不会知道，这种感觉，有多么好！

两个人相遇，一切向好的、光明的方向发展。有人说，这是善缘。
愿我们都珍惜。

触碰

因为"碰到"了，一切才开始。

据说，我们作为人类，最早得知的感觉，是触觉。当我们在母亲的体内时，就会伸手去触摸母亲的腹部，甚至还会吮吸自己的手指。上帝给我们创造了手，是给我们更多触摸生活、感受生活的机会。手和心，有时候是连在一起的。

拿一天的时间，用你的手，带领你去感受生活吧。
触觉，需要用心体会。如果你忽略它，它就平常得不能再平常。

1 揉面包饺子的时候，面团柔韧的感觉你还记得吗？

2 一块冰放到了你的掌心，你是什么感觉？

3 一片花瓣，用你的手去摸它，你能不能感受到它细腻神奇的纹路？

4 当你坐在车里时，你伸出手去，能不能感觉到从手指尖穿过的风？

5 当你的指头触碰到一条棉裙的褶皱，它会给你带来什么感受？

去摸一摸一个小孩子的脸。

当你决定用心感受时，你再次去握住他的手，你会不会被他手心的那份温热所打动？

一点点去触碰，一点点去了解。

触觉，是你感受生活的另一种方式。

这些感觉都是转瞬即逝的，但是，它们都是你作为一个人，所能体验到的独特感受。你们可以一起去分享它们，无须多言。

他会喜欢这样的你

1 不要老是在朋友的面前提他的缺点，讽刺他，指挥他，哪怕是开玩笑。大男人不喜欢这样。

2 做一个独立的女人，不要让他成为你生活的全部，你要有自己的时间、感兴趣的事和朋友。

3 不要打"夺命连环Call"，如果他不接，一定是有事，看到了自然会打回给你的。

4 不要老是问他"你爱我吗"，不要总是让他证明给你看。

5 有一颗包容的心，不要讲他亲人的坏话。

6 有一点儿幽默感。

7 不要为一点儿小事抓狂。

8 不要老是怀疑他，信任是两个人相处的基础。

9 偶尔也付个账。

10 不强迫他在手机和钱包里放你的照片。

11 他也需要你的鼓励和肯定。

12 不要埋怨他周末去踢球而不陪你，那是他喜欢的事情，不要试图占用他所有的时间。

13 不要希望他记住所有重要的日子，那不重要。

14 爱干净，不邋遢，能把家里收拾得井井有条。

15 能用心做一顿饭给他吃。

16 喜欢看书，不肤浅。

17 爱自己，不做极端的事情，不做伤害自己身体的事。

18 有一颗善良的心。看电影会哭，也会实实在在地做有爱心的事。

19 有一颗永远好奇的心。

20 永远爱美。

她会喜欢这样的你

1 积极乐观，上进，热爱生活。

2 衣服干净，不邋遢。

3 有一头干净清爽的头发。

4 偶尔也会做个饭。当她做饭的时候，你会站在旁边帮她剥葱洗菜。

5 幽默，会讲不俗气的笑话。

6 最好不要老是把群发的短信发给她。

7 关心她。

8 回家陪她看电视。

9 告诉她一些工作上的事情，一起分担压力。

10 一起分享成功和进步。

11 偶尔自己洗个衣服，也洗她的衣服。

12 去跟她见她的朋友。

13 少做让她担心的事情。

14 包容她的缺点。

15 给她零花钱。

16 理解她的软弱。

17 当她不想工作了，说：我养你。

18 下班回家，给她捏肩。

19 善待她的父母。

20 多夸夸她，即使到了80岁也是。

如果他不知道怎么做，
那你就直接提要求

把想说的说出来。

男人有时候很笨，在你遭遇挫折、失落和需要一句贴心话的时候，他可能根本不知道你的需要。不会说话，让你的希望落空，进而失望郁闷，进而发脾气，进而离家出走，有可能到了这个地步，他还不知道发生了什么事。

有时候，女人会有一种错误的感觉：他如果爱我，就应该知道我的需求。

但是，男人和女人是不同的个体，心有灵犀的事情，只能是巧合，不可能时时事事，他都能猜懂你的心。如果真有能猜透女人心的男人，那我觉得还挺可怕的。

再相爱的人，也有猜不透对方心思的时候。所以，如果你内心有什么需求，你一定要表达出来。

可能有的女孩子会认为，直接表达需求和感受，会有点儿"掉价"。但是，花时间打谜语，两个人由此误会争吵，对你们之间的感情，又有什么好处呢？时间，与其拿来吵闹赌气，还不如拿来好好过。

1 如果你委屈了，难过了，就告诉他是怎么回事，并且告诉他应该怎么做，比如，需要他陪你一会儿，或者给你一个拥抱。

2 提出请求的时候，不要用命令的语气。不容商量的语气会导致对方反感甚至抵触。

3 要有被拒绝的准备，如果他正在忙，或者因别的原因无法做到的话，坦然接受，不要抓狂。

4 如果他做到了你的要求，别忘了向他表示感谢。

女人学会了在沟通中直接表达，就会让男人觉得轻松。他会更懂得怎么照顾你。你们之间，会更加亲密。

两个人分享童年往事

1 你小时候有把鼻屎擦在桌子底下过吗？——没有！绝对没有……我只是喜欢把它弹飞！

2 我是从垃圾桶里捡回来的，你呢？——我也是！唉！大人真没创意！

3 小时候你爸妈吵架吗？——吵啊！他们一吵架，我就在房间里隔着门偷听，耳朵竖得可直了，我怕他们会离婚。

4 我打赌，小学四年级的应用题，你现在都做不出来。——是啊！最讨厌那个蓄水池的应用题，还讨厌小明！

5 在手上画过手表吗？——画过。我现在给你画一个怎么样？

6 你们学校门口的小卖部都卖些啥呀！——铅笔、橡皮、信纸、皮筋儿、贴纸、汽水、冰棍儿、唐僧肉，还有那种可以抽奖的干脆面！

7 你们小时候叠过"东南西北"吗？——叠过呀，在里面写上最恶毒的词，见了人就问：你要东还是北啊？左三下还是右三下呀？

8 你最早登台表演的是什么节目？——《拔萝卜》。哎哟，哎哟，拔不动。

9 表演的时候，额头上点红痣吗？——点啊！

10 你小时候最喜欢看什么电视剧？——《恐龙特急克塞号》。克赛，前来拜访！

互相监督改掉坏习惯

晚睡，酗酒，抽烟，不吃早饭，不爱锻炼，乱花钱……每个人都有或多或少的坏习惯。

改掉坏习惯，只有三个途径：

1 决心改变。

2 采取行动。

3 有人监督。

坏习惯的养成原因，就是人的惰性。人的本性是趋向于舒适的，所以，坏习惯总是披着舒适的外衣来打扰你。它一定有一些它的好处，不然你也不会依赖它。正是因为你放任自己去享受，它才渐渐形成定式和习惯。

大多数人，会根据自己的本能选择，顺从于坏习惯，待在老地方，不愿意吃苦。想要改变，却困难重重。即便决心开始改变，也因为无人监督，常常半途而废。

坏习惯保持的时间越长，就越难改掉。

改掉坏习惯，有一个不是那么痛苦的办法，那就是，用一个好习惯去替掉它。

养成一个好习惯，需要你重复坚持，至少坚持21天，让它成为你的条件反射。在这个过程中，你必须专注，必须咬牙坚持，全心全意地去做到。

如果觉得自己毅力不够，那就请身边的人来帮助你。

把多余的信用卡销户，坚持存上自己40%的工资，不带银行卡去逛商场，开始记账。坚持半年下来，你会发现自己已经脱离了"月光族"。

到了晚上11点，不管困不困，都上床去。

开始每天吃早饭。因为有人已经给你做好了。

当你拿起烟的时候，有个人能帮你把它从你嘴边拿走，并且在你的烟盒上贴上警示的图片。

记得在一段时间内，只改掉一个坏习惯，养成一个好习惯。这样会提高成功的可能性。

向你的惰性宣战吧！纵容自己的人，永远只能在自责与纠结中度日，永远到不了新世界。

自省

人需要自省。自省帮助你认识自己，计划未来。

在你们空下来的时候，不妨什么都不做，想一想自己，看向自己的内心深处，或者和你最信任、最亲密的人交谈，诚恳地剖析和表达。

静下来，把自己想一遍。反省之后，你再看世界，对待自己和他人的方式，都会发生改变。

1 人，需要休息。你是不是从没有停下来过？

2 成功和名誉都是给虚荣心准备的。人生中，做自己喜欢的事，照顾好亲人和朋友，才是最重要的。

3 无论什么境地、什么时间，都尽量保持最本真的自己。你做到了多少？

4 知足常乐。赚到了钱，你的快乐能保持多久？你是不是还想赚更多？

5 人是多面的，你对别人是不是太苛刻了？

6 淡泊名利，随遇而安，你能做到多少？

7 温良恭谨，正直善良，你能做到多少？收敛与克制，你又能做到多少？

8 不再需要被人欣赏和认可，这是你的进步。

9 要学会说不。

10 不要再浪费时间了，在有限的生命里，去做自己喜欢的事。

两个人，宁静饮茶

在你家里，辟一块清幽雅静之地，在绿植掩映中，摆上一套精美雅致的茶具。先煮上矿泉水，再清洗你们的双手，两个人对坐，然后姿态优美、轻缓地泡上一壶茶。

沸水冲下去，茶叶升腾起来。这是一个充满诗意的时刻。茶叶浸泡两三分钟之后，将茶水倒入另一把壶中，再分别倒入你们的茶杯，整个过程充满优雅的仪式感。

人们爱喝茶，不仅喜欢茶的清香和色泽，还喜欢喝茶的这种恬淡、从容的意境。

你能找到一个陪你静静饮茶的伴侣，那真是你的福气！

1 最好用矿泉水泡茶，水温烧到90℃最好。

2 绿茶清热解毒，红茶散寒暖胃，都非常适合情侣喝。

3 春天喝花茶，夏天喝绿茶，秋天喝白茶，冬天喝红茶。

4 不要空腹喝茶。

5 茶会让人兴奋，不能喝太多、太浓。

6 茶叶最好用陶罐或者紫砂罐储存。

尊重彼此的选择

当你想批评他的时候，请记住，他是另一个人，不是属于你的。

"这就是我想要的生活！"

"我就是这么想的！"

"我喜欢这样做。"

当他说出这样的话的时候，有可能他的选择不是你所希望的那样。这时，他希望你尊重他，不要试图让他改变，或者不要总是对他说："你应该这样，应该那样！"

每个人的生活，都是自己选择的。

我们喜欢和追求的东西千奇百怪。

不是所有的人，都能如愿生活。

大多数人会因为这样那样的"苦衷"而妥协。

那些因为**不想"不甘心"地活着**而坚持自己的理想的人，应该受到尊敬。但是，因为各种"苦衷"而妥协的人，也应该得到理解。

不要让别人为了满足你而违背心愿生活。那是一种犯罪。

　　就算你无法理解他，也要选择尊重他。如果你爱他，希望他幸福，就让他自由地选择。

　　当你想批评他的时候，请记住，他是另一个人，不是属于你的。

　　一个违背自己心愿生活的人，脸上永远不会有舒心的笑容。

　　你应该支持你的爱人坚持自己的理想，并且持之以恒。

当我们老了

有时候，我们会聊到老。

关于老，我们都一致认为，那是一件已经开始，并且越来越失控的事情。

他会取笑我说，到时候你的胸，就耷拉到了这里——他的手放在腰那个位置。

我说，到时候，你老年痴呆，坐在树下，看着路过的小姑娘掉口水，我还得拿手帕给你擦干净。

我们大笑。对于老，我们心里没有一点儿恐惧的感觉。

人老了，是什么感觉呢？

我们还没老，所以无从得知。

只是，曾有一位老人对我说：当我看到镜子里，满

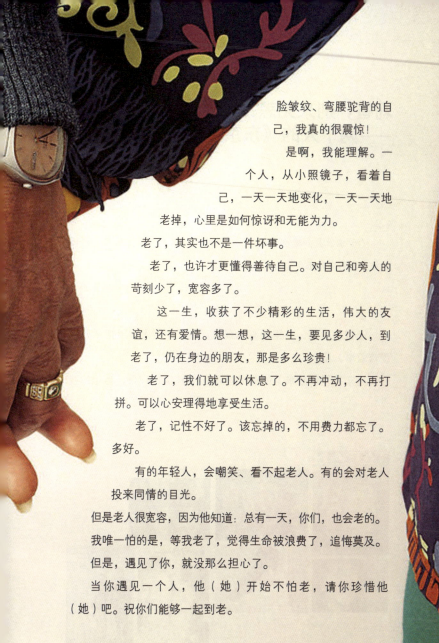

脸皱纹、弯腰驼背的自己，我真的很震惊！

是啊，我能理解。一个人，从小照镜子，看着自己，一天一天地变化，一天一天地老掉，心里是如何惊讶和无能为力。

老了，其实也不是一件坏事。

老了，也许才更懂得善待自己。对自己和旁人的苛刻少了，宽容多了。

这一生，收获了不少精彩的生活，伟大的友谊，还有爱情。想一想，这一生，要见多少人，到老了，仍在身边的朋友，那是多么珍贵！

老了，我们就可以休息了。不再冲动，不再打拼。可以心安理得地享受生活。

老了，记性不好了。该忘掉的，不用费力都忘了。多好。

有的年轻人，会嘲笑、看不起老人。有的会对老人投来同情的目光。

但是老人很宽容，因为他知道：总有一天，你们，也会老的。

我唯一怕的是，等我老了，觉得生命被浪费了，追悔莫及。

但是，遇见了你，就没那么担心了。

当你遇见一个人，他（她）开始不怕老，请你珍惜他（她）吧。祝你们能够一起到老。

莉香，别来无恙?
——两个人的《东京爱情故事》

"爱情就是知道会伤心但还是要去爱，虽然会爱上很多人，但对每一次的恋爱都是全身心投入的。"

——莉香的话

记得小时候，家里没有电视机，我是在别人家里把《东京爱情故事》看完的。

《东京爱情故事》的首播时间是1991年1月7日，当年的我

们还是小孩子，不知不觉，20年已经过去，现在的我们已经是大人了。

小的时候喜欢看《东京爱情故事》，是因为喜欢看精灵古怪、活蹦乱跳的莉香，觉得她好漂亮，还讨厌木头人完治，老是左右摇摆，优柔自私，莉香的微笑那么美，他竟然还是选择了同样磨磨叽叽的里美！真是负心汉哪！

长大以后，和男朋友一起又看了一遍，还是一样的感动，只是不再简单地认为这是一个痴情女和负心汉的故事了。爱与被爱、坚持与等待、错过与原谅，都不再那么简单。看电视剧的人有了自己的经历，会更加喜欢那个耗尽所有力气去爱一个人的莉香。

一个相信爱的女人，遇见优柔憨厚的完治。她善解人意、热烈执着地爱他，如此汹涌的爱，却让他退缩了。他对她说：你的人生要我来背负的话太沉重了，你放弃我吧。他一次次地走近她，又逃跑。但她又是一个多么倔强和骄傲的女人，人前她永远是迷人的笑容，转过身去，再流泪。

她是一个没有黄灯的女子。

当她决定成全别人时，她就在爱媛的车站上了提早了五分钟的火车。

当完治赶来，等待他的只是系在扶栏上的手绢，上面写着：

再见，完治。

完治不会知道，此刻，从爱媛回东京的火车里，她如何失声痛哭。

这个故事，本来可以就这样结束。

但是，导演安排了他们的重逢。

多年以后，莉香与完治在东京街头偶遇。她已成熟，伤痕被埋在心里。她对完治说：

这样不是挺好的吗？我们说再见，不说约期。

再次分别，莉香最后一次喊出"完治"。

她淹没在东京街头的人潮中。

蝴蝶飞不过沧海，这个故事结束了。

回他的家乡

"我来到，你的城市，走过你来时的路。"

——陈奕迅《好久不见》

还是从《东京爱情故事》说起吧。

有一次，完治对莉香提起，在爱媛老家念书的时候，同学们都会把自己的名字刻在教室外的柱子上。莉香羡慕地说，我也想。可是，完治却始终不答应带她一起去爱媛。

最后，在他们分手之际，莉香一个人去了爱媛。

等完治赶到的时候，莉香已经走了，在学校的柱子上，他看到"赤名莉香"与"永尾完治"并排在一起——莉香来过、爱过的证据。

我小时候不明白，莉香为什么要去爱媛呢？

长大了才明白，因为那里是他的故乡，那里有太多他的过往。完治是憨厚质朴的小伙子，是很典型的小镇男人，他的传统犹豫的个性，跟小镇的自然、缓慢、陈旧的生活是分不开的。因为在那样的地方长大，所以，才有后来的故事冲突。

她爱他，想了解所有的他，所以她去了。

她决定离开他，还有未了的心愿，所以她去了。哪怕是一个人去。

两个人一起回忆过去的时光，是最美好的事情。

除了青梅竹马的恋人，有时间的话，你们也去对方的故乡看一看吧。

曾经有二十多年，你们各自生活，没有交集。现在去，看看他生活过的地方，看看他是在什么样的地方长大的吧！

这是一次单纯的家乡之旅，不要把它看得太复杂，回家去见了对方的亲人，这并不意味着你们就要谈婚论嫁了。

去他家里看看，他的父母一定会做上一桌子丰盛的饭菜，这都是他最爱吃的，尝一尝，看看他从小吃到大的口味是什么样的。这个时候，他必然是狼吞虎咽的样子。吃饭的时候，和他的父母聊一聊，家里的气氛浓烈而热闹，爱一个人，最令他高兴的，莫过于你能融入他的家庭氛围。

晚上，你可以睡在他曾经为高考奋战的小屋里，书桌上的小台灯照亮那张他睡过十几年的小床，书架上可能还摆放着多年前的高考冲刺题，你会发现，他的笔迹多年未变。

家乡之旅，必不可少的就是去他的学校看看。在傍晚，或者假期去，学校空无一人。听他告诉你，他曾经在哪一间教室里上了五年的小学，同桌的女生是什么样子。他们曾经在这个操场打篮球、跟女生扔沙包、被体育老师罚跑……这个时候，你会很难相信，身边这个理着短短的头发的男人，曾经也欺负过女生，脖子上的红领巾老是和钥匙绳缠在一起，说不定还曾经把鼻涕擦在衣袖上！

让他带你去吃他家乡的小吃，就是路边的那种。

你们很可能会遇见他当年的同学。他们兴高采烈，互相问候着现在的情况。留在家乡的同学可能大多都已经成家，你们可以去他们家里做客、大喝一顿。听他们的孩子喊你们叔叔阿姨。

……

人就是这样，爱一个人，就会想知道关于他的一切。

虽然他的过去，你已经来不及参与，但去感受一下，也是好的。

给她洗头

　　不知道有多少人记得被称为中国"近二十年来，最令人难忘的广告"的"百年润发"？

　　画面里，一个满身风尘的男人，回到故里，院子里，依稀有人在练京剧，时光荏苒，前尘往事浮现心头：锣鼓声中，刀马旦英姿飒爽，男子起身忘情鼓掌，与她四目相对。情景转换到他在镜面写下的"百年好合"，身前是她年轻的笑容。男子提水为她清洗长发，她抬头望他，柔情蜜意。

　　转眼之间，时过境迁，男人急急赶来，已人去楼空。在远去的道路上，她长发飘拂，回望来路。此时人流如织，火车鸣响，男人登上火车，远走他乡。从此天涯两隔，只剩下时空里，苍凉的京戏唱道："寸寸相思，藏在心底，相爱永不渝，忘不了你……"

　　大院内的男人回过神来，故地重游，已物是人非，几个头发湿润的女人从他身边走过，他怅然若失，一个不经意的回头，他却看见了手捧脸盆的她，依然站在他无数次回想的地方，这时，画外音响起：

"如果说人生的离合是一场戏，那么百年的缘分，更是早有安排。"

我小时候，看这个广告，还看不太懂广告背后那命运的悲凉底色。我只惊叹于周润发的演技和羡慕那个柔情似水的女主角，心里想，什么时候，也有个男的给我洗头啊？

现在很少有人那样洗头了，大家几乎都是在洗澡的同时就把洗头工作完成。所以，能够在周末不忙的夜晚，享受男友洗头服务的姑娘，那真是福气不浅！

男友们需要准备的是：时间，洗手间里干净的脸盆，一把椅子，温度适中的热水，洗发水，护发素，一条用来围住她脖子的毛巾，一条擦头发的干发毛巾，以及一个吹风机。

你们可以开着电视，电视里放着什么都行，不管是《新闻联播》还是法治节目，只要它响着，都有一种实实在在的"家庭氛围"。

或者你们只是放着轻柔而舒缓的音乐，让彼此忙碌一天、紧张疲惫的身体轻松下来。

用一条毛巾小心翼翼地围住她的脖子。

试探洗头水的温度。

先打湿她的头发。当热乎乎的水，淋在头发上的时候，相信她的心，一定也会跟着温热起来。

然后，取一些洗发水，轻轻地在手中打出泡，在她的头发上开始揉搓。记得要先在手上打出泡沫，这样才不会使头发干涩，也不容易起头皮屑。

洗头的时候，你们可以聊聊这一天的工作，讲讲单位里发生了什么好玩的事儿。或者和她聊聊最近家里的情况，给父母打电话了吗？爸爸妈妈说了什么，家里的情况最近怎么样？

洗头最好用洗发水洗两遍，两遍之后，在头发上抹上护发素，轻轻地按摩。

然后再淋上热水，将头发彻底冲洗干净。抹上了护发素之后的头发，这时候在你的手里会非常顺滑，手感好极了！

洗完之后，拿一条干毛巾，把她的头发包裹起来。动作要温柔细致，塞好毛巾的每一个角，然后再把她的脸颊和耳后的皮肤都轻轻擦干。

接下来，用吹风机为她把头发吹干，因为马上就要休息了，所以不用考虑太多造型，只要保证吹干就可以了。其实，如果你仔细看，就会发现，一个顶着一头自然吹干的头发的女友，可能更接近她最真实的自己。

给她洗头发的时候要注意：

1 洗发水要先在手心打出泡沫；

2 不要把头发都堆在头顶揉搓，要从上到下顺着头发洗；

3 稍微用一点儿力按摩头皮，可以促进血液循环；

4 护发素只能用在发梢；

5 用护发素前，发梢先用毛巾擦干；

6 水温不可过高，手觉得微微有些热时正好。

简单的温暖——一起逛宜家

"为创造更加美好的日常生活。"

——宜家的广告词

对于相爱的人来说，凡是与家有关的地方都是胜景。

曾经有一个很要好的女朋友对我说："每次和他逛宜家，我就特想和他结婚。"他们没少去逛宜家，后来，他们就结婚了。

我也喜欢和男朋友去逛宜家，尤其是冬天，因为里面暖气非常足！

宜家里面的味道很好，进门就有一股香甜的气味扑面而来，我们超级喜欢。

我们喜欢逛宜家，不仅因为那里的家具设计感强，小物件小巧精致，让人感到温馨，还因为在那里，总能找到让人眼前一亮的小东西。

柔软的沙发，摆满精致餐具的餐桌，设计极简的衣柜，亮色的卫浴间，还有挂着碎花窗帘的厨房，一盏台灯、一张躺椅、一个相框，林林总总，让人心情愉悦。

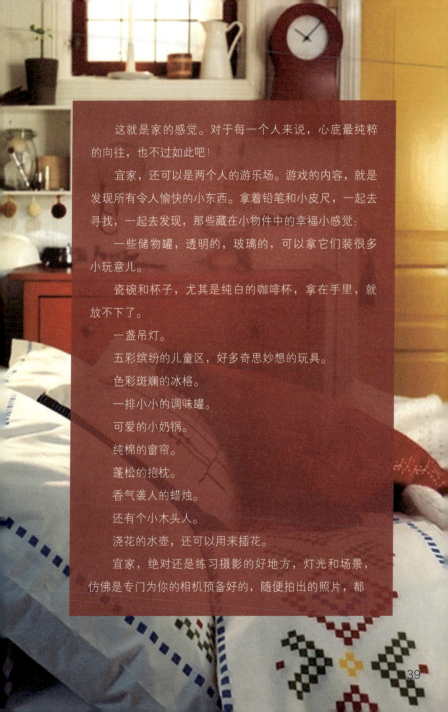

　　这就是家的感觉。对于每一个人来说，心底最纯粹的向往，也不过如此吧！

　　宜家，还可以是两个人的游乐场。游戏的内容，就是发现所有令人愉快的小东西。拿着铅笔和小皮尺，一起去寻找，一起去发现，那些藏在小物件中的幸福小感觉：

　　一些储物罐，透明的，玻璃的，可以拿它们装很多小玩意儿。

　　瓷碗和杯子，尤其是纯白的咖啡杯，拿在手里，就放不下了。

　　一盏吊灯。

　　五彩缤纷的儿童区，好多奇思妙想的玩具。

　　色彩斑斓的冰格。

　　一排小小的调味罐。

　　可爱的小奶锅。

　　纯棉的窗帘。

　　蓬松的抱枕。

　　香气袭人的蜡烛。

　　还有个小木头人。

　　浇花的水壶，还可以用来插花。

　　宜家，绝对还是练习摄影的好地方，灯光和场景，仿佛是专门为你的相机预备好的，随便拍出的照片，都有一种柔和的气氛。重要的是，在这里拍照，不会有人来干涉你。如果你刚买了一个单反相机，来这里拍出来的照片，保证让你信心满满。

逛累了，两个人找一个柔软的沙发窝着。在你们旁边的沙发上，有可能有一个逛累了的大爷，已经打起了盹儿，或者有一个年轻的妈妈，把她的孩子放在床上，枕头、被子都给他用上了。对有些人来说，这些并不刺眼，这种"真不把自己当外人"的感觉，就是宜家的感觉。

等休息够了，你们可以去餐厅喝咖啡，或者吃点甜点。如果肚子饿可以点上一盘翠绿的蔬菜沙拉，还有很多人的最爱：瑞典小肉丸子。小肉丸子圆滚滚的，上面插一面瑞典小国旗，配以甜酱和土豆泥，最适合两个人一起吃了。

宜家的餐厅，干净卫生，它里面的东西好吃，价格也很合适，两个人吃好喝足，也不过100块。

你们走出宜家的时候，也许并没有买什么大件的东西，只是买了一个玄关上挂的钥匙钩，或者一个小小的、漂亮的肥皂盒。或者你们出来的时候，两手空空。但是，逛家居店带来的那种简单、平凡、温暖的幸福感受，会让你觉得已经足够。

41

给他剪发

我有一个初中同学，找到一位日本的女朋友。他们两地分居，辛苦又甜蜜。有一天，他理了一个短短的发型来找我们玩，朋友们都惊呼：哟！改造型啦？他害羞地说：这是我女朋友给我剪的。

我们问：你女朋友是理发师吗？

他说：不是，我女朋友在银行工作呢！

那一瞬间，我有小小的感动，因为我这个同学是一位有"赤子之心"的人，而他的女朋友，将他的头发剪得简简单单的。他将自己的头发，交付给了一个非专业的理发师，而她，完全懂得他。我都能想象，她剪刀下的每一下，都多么自信和用心，才能剪出了一个这样适合他的发型。我也能想象，在他们久别重逢之后，又一次临别之前，两个人如何找一块毛巾或者床单围在脖子上开剪，那种气氛是怎样的融洽和幸福。

你敢给你的男朋友剪头发吗？

你的男朋友放心让你给他剪头发吗？

不要把这样的问题当作考验，不要人

家不愿意让你剪，你就生气。有的男生，爱自己的头发超出你的想象，那就不要轻易挑战了。除非两个人达成协议：如果剪不好，马上去理发店修理！

给男友剪发的女生要注意：下剪刀之前，一定要先仔细端详下他的脸，判断他适合什么样的发型。有的男人可不适合有俏皮的刘海。如果你不假思索，就用电推把他推成一个干净利索的小平头，到时候觉得不好看，就不好补救了。

设计好了，就大胆地下手吧。一点一点，缓慢又用心，相信你一定可以为他剪出一个理想的发型。

他柔软的头发在你手里，细细理着、剪着，看着他一点点变成了自己想要的样子，那是很神奇的一件事。

理完发之后，记得用电吹风和毛巾把他身上的碎头发弄干净。

就这样，他在你的手中，变了一个模样。

两个人的几米绘本

"肚子饿了，开始吃饭；

吃得饱饱，开始想你；

觉得困了，开始睡觉；

睁开眼睛，开始想你；

夜幕低垂的那一刻，其实什么事情也没有发生……"

——几米画里的话

很多人说，心情不好的时候，就看几米的绘本，在他的画里，找到自己，安慰自己。

几米，绘本画家。一个腼腆的中年男子，在台湾过着简单的居家生活，低调淡泊。真名叫廖福彬，其笔名来自他的英文名Jimmy。他的画，简洁细腻。身边很小的人和事，都变成了他的创作内容，美丽和善良，是永恒的主题。所有孤独的心灵，在他的故事里，都能找到映照和寄托。

几米的画也适合两个人看，心情低落时，看几米的

画，会让你得到温暖，充满希望；烦躁不安的时候，看几米的画，会让你平静下来。

几米的画，还能让你思考，思考人生，思考爱情，思考成长，思考失去和找回，还有，思考很容易被人们忘掉的那个东西——梦想。

两个人在一起，必然有得失悲欢，心情起伏。两个人需要有一样美好的东西来相伴。

一起看绘本吧，体会只属于你们两个人的"只可意会"的美好瞬间。

 《向左走，向右走》

作者：几 米
出版社：人民文学出版社
出版时间：2007.07
定价：￥30.00

她习惯向左走，他习惯向右走，他们始终不曾相遇。这是几米首次表现男女感情的长篇图文创作。男女主角彼此在生活中的巧妙关系，构成了整个故事的设计。在页面的衔接上，有许多的巧思安排，在线条与上色上，作了更细致的处理，手法利落有变化，是几米的代表作之一。

在无尽的追寻中，你会有一个又一个的巧合和偶然，也会有一个又一个的意外和错过。现实的城市犹如雾中的风景，隐隐地散发着忧郁的美，承载着没有承诺的梦。几米以他精致的笔触和诗意的画风照亮了人们的心灵，注定相遇的人们会有一个温暖的结局。

2 《微笑的鱼》

作者：几 米
出版社：人民文学出版社
出版时间：2007.12
定价：￥22.00

　　一条像狗一样忠心，像猫一样贴心，像爱人一样深情的鱼。他让鱼儿对我们微笑，我们微笑着跟着这个故事，随着鱼儿的笑，和着主人的舞步，慢慢地回归大海……

　　这是一场迷人的戏，更是一本像狗一样忠心，像猫一样贴心，像爱人一样深情的书。

 《我只能为你画一张小卡片》

作者：几 米

出版社：人民文学出版社

出版时间：2007.11

定价：￥23.00

　　每个人都有送别人卡片的经验，常常卡片打开了，却不知道要写什么。

　　想说的话很多，千头万绪，到最后写了好多遍，却发现都难以表达自己内心的东西。到最后，连卡片都不想寄了。于是，那些心意和祝福，都飘散在空气中，对方永远都不会知道。那么，为他画一张卡片吧，如何？

 《照相本子》

作者：几 米

出版社：人民文学出版社

出版时间：2007.07

定价：￥26.00

　　还记得你童年时的照片吗？还记得你童年时的故事吗？

《照相本子》的概念取自于人生记忆中的片段，几米借着一张张的"虚拟照片"，创造出独特风格的童年气味。照片中的主角是一个心智年龄超过同龄孩子的10岁小男孩，他小小年纪就已懂得了感叹时间的流逝，并躲在孤独的角落里为小鸟的去世感到悲伤。

在一张张照片中，几米捕捉的不仅仅是影像的画面，还有照片里所藏着的故事，他试图告诉我们，照片的背后总是有故事，有时候是和照片外表完全不同的故事。

 《布瓜的世界》

作者：几 米
出版社：人民文学出版社
出版时间：2007.11
定价：￥26.00

布瓜是什么意思？

"pourquoi"是法文"为什么"的意思，读音很像布瓜，几米神来一笔地替自己的新书取了这个名字。最难以理解的是为什么小孩问"为什么"是天经地义，大人开口却变成幼稚可笑？

最奇怪的是，自以为知道的事，当别人一问"为什么"时，竟然自己也发现不知道为什么。

6 《幸运儿》

作　者：几米
出版社：人民文学出版社
出版时间：2007.11
定　价：￥36.00

董事长从小就是个幸运儿，他什么都有，而且都是最好的。

董事长聪明过人，事事都被要求第一，他从来也没让人失望过。董事长又帅又能干，父母优雅开明，太太美丽贤淑，儿女乖巧可爱。许多人一辈子辛苦追寻的梦想，董事长都轻易拥有。人人都喜欢董事长。董事长的一切都让人既羡慕又忌妒，但更让人受不了的是，有一天，上苍忽然赐给他一个神奇的礼物……

《蓝石头》

作者：几 米

出版社：现代出版社

出版时间：2010.06

定　价：￥49.00

　　一颗蓝石头静静地躺在森林深处，度过了一万年之久。它以为它会永远待在这里，直到天荒地老。但是，一场漫天大火烧毁了森林，美丽的蓝石头被撞裂成两半，一半留在森林里，另一半却被运往城市……

　　它想回家，回到森林里的家。午夜，一只蓝色气球飘过它眼前，蓝石头想起森林中的另一半，强烈的思念，让它瞬间崩毁。

采撷鲜花

相思

唐·王维

红豆生南国，春来发几枝。

愿君多采撷，此物最相思。

我喜欢这首诗，也喜欢"采撷"这两个字。

"采撷"是摘取、收集的意思。

把喜欢的东西，一点点摘下来，收集在一起。

我有过在野外采撷野花的经历。漫山遍野的山茶花，右手去摘，连枝取下，左手把它们都合拢到一块儿。从刚开始的一朵两朵，到最后的鲜花满怀，整个过程愉快欣喜！

　　山上还有一种叫"鸡蛋花"的植物，开出来的花像蛋黄一样艳丽橙黄，花瓣造型极其简单。它贴地生长，简单平凡，就像人生，但是开花的时候，美得惊人。

　　还有鸢尾花，像一群精灵，开在河谷里，花就像蓝色的蝴蝶，叶片向上生长，婀娜多姿。一开花，就是一大片。

　　小时候，我被爸爸妈妈带着去采花，那时候他们都还很年轻，健步如飞，在野花丛中，走着，笑着，眼睛亮亮的。我采回去的花，他们会洗一个瓶子让我把它们养起来。

　　童年去采花的日子，是一段闪亮的记忆，无比珍贵。如今在城市里生活，路边开满了被规划好的植物鲜花，已经没有去采撷的欲望，更怕被人斥责。

　　只能去野外了。不管世道如何改变，总有人迹罕至的地方，那里的野花，会像千百年以前那样，只要到了季节，就会盛开。

阳台烧烤

　　这个活动，两个人没意思，得请些朋友过来。

　　就在阳台上进行，把窗户都打开，架上炉子，添入炭火，提前串好各种美味的食物。

　　烧烤的签子可以去市场买，几块钱可以买到一大把。

　　如果这项活动会不定期地搞下去，那么可以考虑买铁签，可以回收利用，节省资源，铁签串的食物吃起来也比较带劲儿。

　　最受欢迎的烧烤食物，当然是羊肉串了。

羊肉串的准备工作如下：

1 买肉。羊肩胛骨上的肉，烤串出来最好吃。

2 洗肉，切肉。

3 用现成的烤肉料加一些切细的葱姜末把肉腌上。最好腌4个小时以上。

4 把烤肉的竹签用盐水泡一下。盐水泡过的竹签，烧烤的时候不容易着火。

5 穿串。

另外，鸡翅、鸡心、鱿鱼、大虾和土豆片、红薯片、青椒、蘑菇、茄子、韭菜、馒头片都是大家喜爱的烧烤食物。

记得买点锡箔纸，用来烤冬瓜或香蕉，会很好吃。

最好使用无烟炭。

音乐是必不可少的，啤酒也是。

慢慢烤，慢慢吃，慢慢聊，惬意自在。

不过也不能经常搞这样的活动，烧烤的东西吃多了对身体不好。

女人天生会收纳

我有个男同事曾"骄傲"地告诉我们：他单身的时候，脱衣服是三件上衣套在一起脱，穿的时候也是三件套在一起穿。脏的衣服扔在沙发上，放了两个星期，又拿起来穿上。

当男人有了女人，这一切就会发生改变。

因为女人天生会收纳。

两个人在一起生活，房间里的东西总是不知不觉越来越多。如果不懂收纳，什么都乱扔乱放的话，心情就会越来越烦躁。

收纳，就是将家里的东西巧妙地收放起来。这可是一门大学问。

收纳，对于爱乱扔东西的人来说，肯定要费一点时间，但是，如果你刚开始坚持住，慢慢养成了习惯，就不再是负担，反倒成为一种乐趣了。

1 先看看你们所拥有的东西，把它们分成四大类：1.常用的；2.不常用的；3.很少用的；4.没有用的。

2 处理掉那些没有用的东西。这些东西，只会占用你的生活空间，没有使用价值。你可以把它们送给朋友、捐掉，或者

带到二手市场上去，卖给那些有需要的人。

3 把常用的、使用频率高的东西，放在很容易就能找到的
位置。把不太起眼的空间，留着放不常用的和很少用的东西。

4 有的东西被收纳起来，还会变成一种装饰，比如一
些旧杂志，或者零碎的瓶瓶罐罐。

5 在厨房，把锅都收进带门的橱柜里，把菜刀都收在墙
上的刀架上。勺子、打蛋器等能挂的小物件都用小钩子把它们吊
起来，S形的挂钩就能帮你把这一切打理得井井有条。

6 专门找一个小桶装垃圾袋。它们会经常被用到。以
免需要的时候，到处去翻找。

7 做一个可以移动的小架子，放你们新到的杂志和报
纸。读完以后，把它们都放到这个小架子上。

8 药品要集中放在一个抽屉里。要定期检查有没有过期的药，有的话要及时处理，不要随便扔进垃圾桶。

9 电话机旁边要有笔和便签纸。笔最好是可以固定在桌面的，以免需要的时候，又找不着了。

10 拿一个小笔筒放大大小小的指甲刀，固定放在一个位置。需要的时候，知道去哪里拿。

11 在阳台或者卧室放一个洗衣篮。需要洗的

衣服，都放在里面。

12 内衣、袜子、手绢分别收在抽屉里，和衣服分开放。

13 留出一个专用的手提箱，里面备好出差时需要带的轻便衣物、内衣、袜子和洗漱用品。

14 进门的玄关，多设几个挂衣架。来朋友了，衣服能够挂。

15 换季的鞋子，都擦洗干净后，用盒子装起

来，不要占用鞋柜的空间。

16 在大门背后挂一个粘钩，专门挂钥匙，一进门就把钥匙挂上，走的时候，从那里取走就可以了。

17 雨伞放在鞋柜的旁边。

18 准备一个防灾地震包，里面放够三天的食物、水、手电筒、口哨、药物，放在鞋柜里。

19 养成把用过的东西放回原处的习惯。

20 当你想买一个新的东西的时候，想一想，家里是否还有空间放它？尽量少增添可有可无的东西。

监督对方多喝水

"记得多喝点水啊！"
是对他（她）最好的叮嘱。

谷歌有一个好玩的应用
软件，就是监督你每天喝水
的状况。你每喝一杯水就输
入这个软件，告诉它今天喝
了什么。咖啡、绿茶或者果
汁，都可以输入进去。然后
一天下来之后，谷歌会告诉
你，今天你总共喝了多少毫
升水，少喝了多少毫升，应
该增加多少毫升。

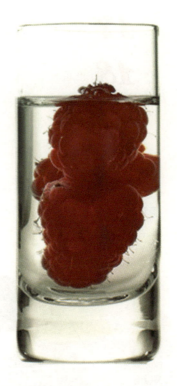

喝水真的是一件看似不
起眼、其实很重要的事情。有
医生说，人体的很多病，都是
因为没有正确喝水而带来的。

很多人都是觉得渴了才去喝水，平时压根儿想不起来喝
水。而当你觉得渴的时候，你的身体其实已经缺水到了一定程

度，那个时候，你的身体已经受到危害了。

所以，互相监督对方喝水吧，这样两个人才可以健健康康地在一起。

关于你喝下的水：

1 每天最少6杯水，能排除身体中的毒素。

2 如果便秘，你可以大口大口地喝水。

3 最好的饮料是凉开水，不要喝太凉或者太烫的水。

4 早起喝一杯淡盐水，可以促进胃肠蠕动。

5 晚上8点以后，就不要喝水了，以免造成对身体的负担。

6 喝水不能过量，否则也会中毒。

在他的包里，放一包纸巾

男人很容易忽略这样一件小事：随身携带一包纸巾。等到急用的时候，就手忙脚乱，到处找小卖部，这样很狼狈。

作为他的女友，有责任做好这一件小事。保证在他的包里，随时有纸巾可以用。

男人爱出汗，纸巾总比衣袖强。

出去吃饭或者喝茶，店里都会提供纸巾，但是，那些廉价的产品，卫生得不到保证。如果这时你的男友自己掏出一包黑色男士包装的手帕纸巾，那他这干净整洁的形象，一定会让旁边无人照料的男士羡慕。

人的肚子，总是会出其不意地来点儿小毛病，这时他们不用到处找地方买（我们这里的公共厕所，还没发达到处处备好纸巾的地步）。

往对方的包里放一包纸巾，就算大多数时间忘记了它的存在。

当需求来临时，他找到那包一直没有机会用的纸巾时，一定会觉得特别幸福！

为他写一首歌

李白乘舟将欲行，忽闻岸上踏歌声。
桃花潭水深千尺，不及汪伦送我情。

　　　　　　——李白《赠汪伦》

音乐，是上帝给我们的礼物。

歌，是你给爱人的礼物。

你能给他写一首歌吗？就算你五音不全，不懂乐理知识，不会弹琴。

就用你脑子里的声音给他写。

用你仅知道的几个音符来写。

用你最想表达的节奏。

还有歌词，用你最想对他说的话作为歌词。

如果你真的爱着他，你的心里一定有这么一首歌。那种美妙的感觉，任何语言都无法替代。

把这首歌，写下来，记下来。如果可能，可以请懂音乐的朋友帮你编曲，录下来。在适当的时候，放给他听。

歌，是人最好的表达方式。如果你不自信的话，请听听那些从山里头传来的原始的、直白的、动人的情歌！那些唱歌的人，有可能连哆来咪都不认识！

　　你写给他的歌，是这个世界上独一无二的。

　　这是一件浪漫的事儿。

不要试图去探寻他过去的感情

"每个人，都有一段悲伤，想遗忘，却欲盖弥彰。"

——《白月光》

他和你在一起之前，一定有过至少一段感情，除非你们都是彼此的初恋。

作为女人，有一种天生的好奇心，内心无比渴望知道他以前的那些。怎么遇见？如何相爱？在一起快乐吗？为什么分手？这些你都想知道。你甚至去想去翻翻他的手机，去登录他的聊天软件，看看那个人到底是谁。

很多女人这样做过，或许你正准备这样做。在做这些之前，你可以想一想：这些，对你们的现在，有任何帮助吗？万一他知道了，他会是什么反应？

很多女人千方百计这么做，只是为了搞清楚两个问题：1.他到底忘没忘记前女友？2.你对他来说，到底有多重要？

每个女人，都渴望成为他的唯一。

知道了他的前女友，就会不由自主地拿自己跟她作比较。

有了比较，就有了痛苦。

其实你应该关心的，不是他的前任，而是了解，他是否愿意跟你在一起。如果这一点是肯定的，那你又何必自寻苦恼呢？

如果他真有一个忘不掉的女朋友，又怎样呢？试着接纳他，不要想去替代她在他心里的位置，也不要去比较。那个过去的占着过去的位置，你有你现在的位置，不是挺好吗？他珍藏自己的"回忆"，不正好说明他是个重情重义的人吗？

女人，千万不要为了满足自己的好奇心，而亲手把原本平淡幸福的生活给搅乱。

在你又一次蠢蠢欲动的时候。记住两点：

1 男人，没你想的那么复杂。

2 爱，是理解，是珍惜，是接纳。

关心它们

其实，不只男人介意女人胸部的大小，女人自己也很介意。

胸小的女人很苦恼。总怕被人说成是"飞机场"。

胸大的女人也很苦恼，跑起步来非常不方便，同样要忍受别人的目光。

它们必须是完美的吗？

答案因人而异，也因时代而异。

在古希腊，平坦结实的胸才是完美的。

在19世纪，稍微有点儿下垂的胸，才是美丽的。

在20世纪20年代，流行像男孩子那样的平坦胸部，所以很多女人都把胸束起来。

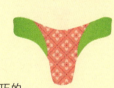

丰满的胸散发着浓郁的女性味道。而小巧的胸，则轻盈、温柔、孩子气。

重要的，不是尺寸，也不是形状，而是欣赏与善待它们的人。

1 每天你肯定会花一点儿时间来保养自己的脸，同样，

也可以用一些时间来保养自己的胸。持续的呵护，能带来令人惊喜的改变。

2 你要调整自己的站立姿势，把背挺直，肩膀下沉，胸部得到放松，健康美丽的姿态也就出来了。

3 每天做几组扩胸运动，强健胸肌。

4 洗澡的时候，按照顺时针方向，打着圈冲洗乳房，促进血液循环，改善胸部下垂的状况。

5 不要到了冬天就懒得穿内衣。

6 给自己买好品质的内衣。

7 定期去做透视体检。

8 让他给你点穴按摩。

给他剪指甲

这是小时候他妈妈给他做的事情，你也可以这么做。

还记得在小学的时候，作业本的背面，总是有一些教育我们的话：勤洗澡，勤换衣，勤剪指甲，勤洗手。但是，总有一些孩子不爱干净，不喜欢换衣服，不喜欢剪指甲，不喜欢洗手也不喜欢洗澡，你家里的那个男孩是不是也这样？

有时候，在外面应酬，看见一些男人衣着整洁有品位，但是伸出手来，指甲都是长长的，有的还有黑色污垢，顿时，这种人的形象减分不少。

有人会说，男人就是这样不修边幅。但是不修边幅和不讲卫生是两码事。

作为他最亲近的人，你有义务随时检查他的双手，保证他的手每天都干干净净的。

剪指甲之前，先用热水和洗手液把他的手洗干净。必要的时候，可以用上一些你的祛角质霜，让他的手看上去洁净光滑。洗干净之后，找一个光线好的地方（如果没有阳光的话，就打开台灯）坐下来，最好让他坐到你的对面。

先把十指的指甲都剪短，留一点点，不要剪太秃，不然会很难看。然后拿着小锉刀一点点地把他的指甲锉一遍，打磨圆滑，修出形状。

接着，用剪死皮的小剪子，把他指甲周围的死皮和倒刺都剪掉。剪的时候千万要小心，不要剪到肉。剪完之后，再用热水焐一下他的手，一双干干净净的男人的手就出现了！

最后，记得在他的手上涂上一些护手霜，要滋润到他指甲周围的缝隙里去。

一起站在镜子前刷牙

两个人虽然每天都在一起，但是有很多事情还是要分开各自做的。

比如工作，和各自的朋友相处，各自吃工作餐，各自洗澡、刷牙、洗脸。

刷牙这件事，好像在大多数情况下都是各自做的，尤其是当洗手间空间小的情况下，两个人在一起，就会特别挤。

可就是这一件事，如果挤在一起做的话，会很愉快。

我其实也不知道为什么，站在镜子前刷牙就会觉得开心？

难道两个人刚起床，那个头发蓬乱，挂着眼屎的样子正好是对方最真实最可爱的时候吗？

或者是，平时很少有机会，两个人同时照镜子？

还是牙膏会给人带来清凉愉快的感觉？

没有答案，总之，这件事情，就是很愉快！

搜集搞笑微博给他（她）看

　　微博是社交网络，里面的人可以关注你，你也可以关注他。微博通常不超过140个字，还能发表视频和图片。公开的信息，谁都可以浏览。微博上有各种各样的人，各种各样的事情。你可以上去找，收藏一些特别有趣的笑话，等他（她）回来一起分享。

1　寝室一哥们儿的手机铃声是婴儿哭的声音。某天，这哥们儿在学校上厕所，许久上不出来。痛不欲生的他一声大吼，这个时候手机铃声忽然响起……然后，这哥们儿就出名了……

2　甲乙两富豪在公园散步，突然发现路上有一坨狗屎。甲对乙说：你把狗屎吃了，我就给你5000万。成交。接着又发现一坨，乙对甲说：你要是敢吃了，我也给你5000万。甲正心疼那5000万，当下吃了个干干净净。甲乙相拥大哭：一分钱没有挣到，一人却吃了一坨屎……

3 从前，有一颗手榴弹，一天它吃完饭，正在清理它的牙齿，突然发现牙缝中间有一根刺，它就用力地把它拔了出来，结果就爆炸了……

4 昨天参加了一个比赛——放鸽子大赛！结果比赛时就我一个人去了……请问我是不是输了？！

5 一次和女朋友出去吃饭，花了95元，结账时发现没带钱包。好在我一哥们儿在附近上班，赶紧给他打电话，然后去找他借钱，把女朋友留在餐厅做人质。结果，我呼哧呼哧地借了100元钱，回来结账的时候，女朋友又点了一杯17元的奶昔。我说：大姐，您至于这么渴吗？

6 每当老公感到烦心、沮丧、失望、无力的时候，"贤惠的"妻子什么也不说，只是默默地跑去把他信用卡刷爆，然后把账单偷偷放在他的床头，他便会立刻重新拥有奋斗的勇气和力量。得妻如此，夫复何求啊！

7 小时候喜欢用芝麻酱抹在馒头上吃，有一天，我家邻居的儿子嘴馋地看我，问我吃的是什么，我告诉他这是屎啊！然后他默默走开了。过了一会儿，他妈妈一脸黑地找到我问我吃的是什么，怎么她家孩子一到家就嚷嚷：妈，我要吃屎！妈，我要吃屎！

8 老婆喜欢吃零食，怀孕后老公不让吃乱七八糟的零食了，于是她就偷偷吃。一天老婆出去买了一包棉花糖，藏在橱柜上，上面还盖了个塑料袋，结果被老公发现了。"这是什么？"沉默了10秒钟……无奈咆哮，"你以为你一米六的个子看不到的地方我一米八就看不到吗？"

9

他被蒙住双眼，于是他问："你们想干什么？"对方不说话，抽了他一鞭子，他连声求饶："不要打我，你们要钱？"对方还是不说话，又一鞭子，他又说，"10万？"还是一鞭子，"20万？30万？"一鞭子又一鞭子，他崩溃了，"你们到底要什么？"只听到一声咆哮："要什么？我帮你写策划案的时候也想知道你到底要什么！"

10

我爸的外甥女和我在一家公司，但我们不熟，别人以为我们不认识。和我相处了三个月的男友现在去追她了。因为大家都知道她舅舅是公司董事，却没人知道，她舅舅其实是我爸。

列出另一半的10个优点，
把这个清单给他看

清单

朋友，我经过深度思考，认真总结，现将你的10个优点归纳如下，见此单，请认真阅读，望继续发扬，再接再厉，再创辉煌！

- ✅ 优点一：通情达理，万事好商量
- ✅ 优点二：孝顺父母
- ✅ 优点三：会做饭
- ✅ 优点四：人长得帅
- ✅ 优点五：有上进心，努力工作
- ✅ 优点六：会弹吉他，会打手鼓
- ✅ 优点七：对朋友仗义
- ✅ 优点八：吵架时，知道如何暂停
- ✅ 优点九：幽默
- ✅ 优点十：细心、耐心、乐观、大方、性格好

记下他的梦话

在我的记忆里，有好多年，在我还没有离开家的日子里，每天早上醒来，都会听见隔壁的父母在聊昨天晚上做的梦。他们聊梦，讲着讲着就乐起来。因为几乎每天都如此，所以，现在想来，那是一个如画一般美好的记忆。

一个人与你一起生活，能和他聊一聊梦，是一件幸福的事。

我的男朋友爱说梦话，有时候他说梦话，我还没睡着，我听了就忍俊不禁。

如果第二天早上醒来还能记住他梦里说的话，我就会对他重复一遍。他总是又惊又乐。可是，有时候，等我醒来，就只记得他昨晚说了梦话，具体讲的什么，就怎么也记不起来。所以，在我的床边，放着一个小小的笔记本，封皮上写着：大D梦话录。里面记着他的梦话。日积月累，那个本子就成了一本很有趣的书。

🌑 我不要！我不要！我不要！

🌑 我到外星了！

🌑 把这些土豆都装进麻袋，不要抢！

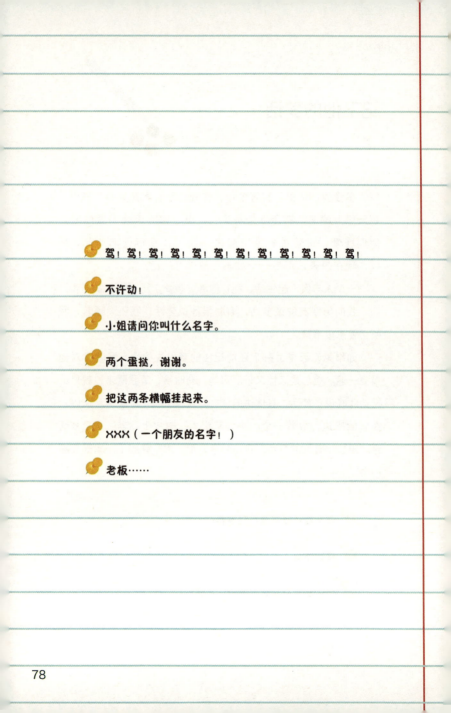

驾！驾！驾！驾！驾！驾！驾！驾！驾！驾！驾！驾！

不许动！

小·姐请问你叫什么名字。

两个蛋挞，谢谢。

把这两条横幅挂起来。

×××（一个朋友的名字！）

老板……

有了对方，
不再暴饮暴食

　　一个人生活的时候，
容易暴饮暴食。

　　现在的社会，压力大。

吃，成了很多人缓解压力的办法。

有时候，吃，不是因为饿，而是情感情绪
的需要。

　　吃，可以减轻压力。

　　吃，可以填补空虚寂寞。

　　吃，可以成为遇到困境、难题时的
发泄途径。

　　暴饮暴食，对食物无节制地渴求，
不但最直接地导致了人的肥胖，还恶性
循环，身体失去平衡，高血压、内分泌
失调等毛病都找上门来。

　　现在，有了对方，就不要再暴饮暴
食了。

吃，除了是一项给我们地身体保持充沛

活力的活动以外，还要成为一件从容和享受的事情。

我们的健康，取决于我们的吃。
两个人生活，就要开始吃得平衡。

像过去那样，随便找个地方凑合一顿，甚至走在路上、在公交车上就完成一餐的日子，应该结束了。

再也不要一边工作，一边开会，一边吃饭。
两个人的生活，应该是：该吃饭的时候，就吃饭。

尽量集中注意力，单纯地去吃。把那一点儿时间，都专注在食物上，品尝它，细细品味、感受它给身体带来的享受。

有了另一个人，就要互相监督，每天都要吃早餐。经常不吃早餐，这对健康绝对不是好事。

但有一点要注意，两个人在一起，很容易互相诱惑，比如，吃消夜。我们的身体在夜晚的代谢会逐渐减缓。睡前吃东西，会造成身体的负担，还会让两个人的体重直线上升。所以，每天晚上8点以后，尽量不要吃东西了。如果晚上容易饿，可以准备几颗大杏仁，嚼上两颗，就能消除饥饿感。

辞职去旅行

"旅行，让人在陌生的环境中，享受到轻微的失重感。"

——法国作家罗兰·巴特

在漫长的人生道路上，人人都需要休息。

辞职去旅行？听起来好过瘾啊！

过去有了这个想法，但总是迟迟不敢实施，因为安全感那个东西，太拖住人了。

现在，两个人，正好互相鼓劲，互相支持，完成这一次疯狂的举动。

谁的钱少，就少出一些，谁的钱多，就多出一些。

两个人，拟出最简单的出行计划。

两个人在路上，寻求一种暂停，寻求一种背离，寻求一种享受，也寻求新的刺激。远离现有的生活，去寻找自我内心的和谐。

辞职，是为了充分拥有自己的时间，这不像请假去旅行，中途还要挂念好多的事情。

等你们辞职了，你们才会发现，没有了你们，原来这个城市仍然运转得很好，你们可以放心地去玩了。

两个人去旅行，获得了对自己的时间的完全支配权，这是一件奢侈的事情。

你们可以用花钱最少的方式，坐最便宜的交通工具，住最便宜的青年旅社，吃面包和路边摊。有人陪着在路上，心情不一样，喝白开水心情也是愉快的！

再熟悉的两个人，在旅行中，也能发现对方新鲜的一面。

两个人在旅行中，会更加懂得接纳和照顾对方。

也许他会在旅程中，给你源源不断的惊喜。

在路上，你们眼中的风景，和长期居住的城市的景观迥然不同。你们会看到不同的人和他们不同的生活方式，你们会体会到不寻常的满足感，眼界和心胸会变得更宽阔。

其实，旅行，是我们身体里一种特殊的需要。唯有走动起来，才能满足它。

辞职，看似有些代价。但是，旅行还有一个好处就是："休息之后，可以更好地投入。"这也是旅行的意义。

两个人一生中一定要去的10个地方：

1 去澳大利亚的大堡礁；

2 去日本泡温泉；

3 去希腊蓝色的岛屿；

4 去拉斯维加斯结婚；

5 去埃及金字塔；

6 去新疆；

7 去马尔代夫海上木屋；

8 去巴黎；

9 去罗马；

10 去巴西里约热内卢。

巴普洛夫起床法

　　谁都知道，最不痛苦的起床方法就是——自然醒！

　　但是，这个世界上，能睡到自然醒的人，占的比例太少了。大多数人，都是典型的起床困难户。

　　尤其是冬天。冬天起床真的生不如死。

　　就算是两个人在一起生活了，与被窝外的严寒作斗争，也是一项艰苦的工作。

　　一般都是闹钟响了以后，一个人说，你先起。另一个人说，你先起。

　　然后，两个人都睡着了。

　　然后，不知过了多久，听见旁边的人惊悚地喊了一声：这么晚了！

　　这时已经晚了。

　　为了起床，我们还试过一种"尿钟法"，就是在头天晚上睡前多喝点水，第二天早上，必然会梦见到处找厕所。等醒过来，由不得你想不想起了，赶紧起来上厕所。等上完厕所，就不再回去睡了。

　　"尿钟法"确实是个好办法。但是，我们低估了我们的膀胱，它有极强的适应能力。而且我们的身体，有时候也会处于缺水状态。有时候喝下去的水，不会完全变成闹钟，而是被身体给吸收了。所以，"尿钟法"最后还是失败了。

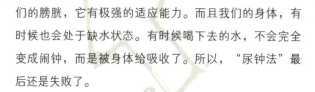

后来，我们又试验了一种"巴普洛夫起床法"，这个方法很有趣，就是人为地培养一种条件反射：在白天清醒的时候，把卧室光线调暗、换上睡衣、洗脸洗脚、摘掉眼镜，最大可能地模拟睡觉的环境。同时，把闹钟调到几分钟后，躺下，睡觉。注意，当闹钟响起的时候，要用最快的速度按掉闹钟，下床，穿衣服，洗脸刷牙，迅速搞定。就这样重复训练，每天锻炼一两组，每组三次到十次。

就像训练小狗一样训练自己，经过一段时间，听到闹钟响，就立刻一跃而起。

刚开始，我们确实做到了。但我怀疑那是自己"不想让自己失败"的心理在作怪。

如果，有效的日子能坚持下去，没准儿真就成功了。

但是就在某一天，我们偷懒了。

就从那一天开始，这个试验又失败了。

不同的方法，对不同的人有不同的效果。你也可以试一试，没准儿"巴普洛夫起床法"对你就很有效。

现在，我总结出来的起床办法就是老一套了：把闹钟放在离床有段距离的地方。闹钟响，必须下床去关。另外，冬天把贴身的衣服放在暖气片上或边上烤着，或者放在被子里面保持温暖，也会让起床没那么痛苦。

还有一个方法，就是找到一件你特愿意干的事儿，起床就需要去做。保证你噌地就从床上下来了。

爱你就像爱生命

作者：王小波 李银河
出版社：上海画报出版社
出版时间：2008.05
定价：￥18.00

　　不知道有多少人和我一样，深深羡慕王小波写给李银河的情书的摘录中的那个"你"：

　　♥　我是爱你的，看见就爱上了。我爱你爱到不自私的地步。

　　♥　我的灵魂里有很多地方玩世不恭，对人傲慢无礼，但是它有一个核心，这个核心害怕黑暗，柔弱得像绵羊一样。只有平等的友爱才能使它得到安慰。你对我是属于这个核心的。

　　♥　我把我整个的灵魂都给你，连同它的怪癖，小脾气，忽明忽暗，一千八百种坏毛病。它真讨厌，只有一点好，爱你。

　　♥　我对好多人怀有最深的感情，尤其是对你。

♥ 你是非常可爱的人，真应该遇到最好的人，我也真希望我就是那个最好的。

♥ 静下来想你，觉得一切都好得不可思议。以前我不知道爱情这么美好，爱到深处这么美好。真不想让任何人来管我们。谁也管不着，和谁都无关。告诉你，一想到你，我这张丑脸上就泛起微笑。

♥ 我只希望你和我好，互不猜忌，也互不称誉，安如平日，你和我说话就像对自己说话一样，我和你说话也像对自己说话一样。你说，和我好吗？

♥ 不一定要你爱我，但是我爱你，这是我的命运。

♥ 你要是回来我就高兴了，马上我就要放个震动北京城的大炮仗。

♥ 但愿我和你，是一支唱不完的歌。

●王小波（1952—1997）汉族。当代著名学者、作家。他的代表作品有《黄金时代》《白银时代》等，被誉为中国的乔伊斯兼卡夫卡。他的唯一一部电影剧本《东宫西宫》获阿根廷国际电影节最佳编剧奖，并且入围1997年的戛纳国际电影节。

●李银河，中国第一位研究性的女社会学家，著名作家王小波之妻。1952年生于北京。美国匹茨堡大学社会学博士。1999年被《亚洲周刊》评为中国50位最具影响力的人物之一。

两个人下棋

两个人下棋好处多：

1 下棋可以清醒头脑，缓解疲劳。

2 下棋能消除烦恼。举棋落棋之间，烦恼烟消云散。

3 喜欢下棋的人，往往性格乐观。

4 嘴上说大话，手中走真棋，斗智斗勇，乐趣无穷。

5 下棋可以感悟人生，淡看输赢。

6 下棋可以消磨时间，陶冶情趣。

7 下棋让人有永不服输、永不放弃的精神。

8 下棋让人耐心细致，有条不紊。

9 下棋可以培养人的大局观。

10 下棋可以锻炼心平气和、遇事不躁的好性情。

跟高手下棋，要沉着老练。和新手下棋，要乐在其中。赢了要谦虚，输了要有风度。

　　下棋的时候，最好能泡一壶茶，最好能坐在阳光里。两个人惬意自在，不亦乐乎。

给她做一份水果拼盘

家里经常有许多水果，可是你们好像一直想不起来吃，直到它们在冰箱里慢慢坏掉。可是去外面吃饭的时候，服务生端上来的水果拼盘却被吃得光光的。这是为什么呢？——是因为懒呗！洗水果、切水果是一件很麻烦的事。等到洗好切好，可能当初想吃的冲动已经没了。

如果你有一个懒女友，当她在家，仍然在写字桌前伏案加班时，或者正在看电视的时候，为她做一个漂亮的水果拼盘吧。让她专心做自己的事情，并且可以吃到干净的水果。

先打开冰箱，看看家里还有什么水果。

柚子或者橘子这种去了皮不用切的水果可以放在一起。

梨或者苹果这种去了皮之后还需要切的水果，切开以后，拿凉水泡一下。泡水的好处是可以去掉表面的一些削皮时留下的污渍，泡过之后，水果的表面也不会被氧化，看上去会更加新鲜好看。

如果家里还有一些西红柿和黄瓜，也可以洗干净切成小块，放在拼盘里。红红绿绿的颜色会为拼盘增色不少。

接下来，你需要找一个漂亮干净的大盘子，最好是白瓷盘或者玻璃盘，那样看上去会令人赏心悦目。

　　然后，就是最重要的摆盘工作啦。你可以随意发挥自己的创造力和想象力，摆出一个非常精彩、内容丰富的水果拼盘。但是要记得，颜色不可以太单一，不然看上去水果拼盘就了无生气。也不建议把家里剩下的水果都切掉，弄一大盘子，那一大盘，会令人感到很有压力，减少食欲。最好是每样水果都有一点点，拼凑起各种颜色来，好看又好吃。

　　装作不经意地把拼盘端给正在忙碌的她，然后转身去做自己的事。

　　如果家里的水果不多，你也可以只剥一只柚子，或者剥一碗红红的石榴给她。如果是石榴，可以递上一只可爱的小勺子。用勺子吃石榴，有很大很大的幸福感哦！

晚上8点到10点，你们在干什么？

业余时间决定人生。

网上流传着这么一个说法：

哈佛著名理论：人和人的差别，在于业余时间。一个人的命运决定于晚上8点到10点之间。每晚抽出两个小时的时间用来阅读、进修、思考或参加有意义的演讲、讨论，你会发现，你的人生正在发生改变，坚持数年之后，成功会向你招手。

请回忆一下你们晚上8点到10点的活动，是不是都在网络或者电视机前度过？似乎没有做太多有意义的事情。如果这个理论成立的话，那么，我想，就是大多数人没有成功的原因所在吧。

你把业余时间奉献给了什么，这成为你人生的关键！

其实，这个话题的重点并非是在我们要成为多么成功的人。而是在于，提醒我们每天要把业余的时间从平时的惯性消遣里拉出来，投入到更有意义的行为当中去。两个人在一起尤其如此。可以一起看看书，一起学习一门语言，或者可以一起下下棋，玩一些益智游戏都会比各自在电脑和电视机前把时间混过去要有意思得多。在事业的上升期，你真的不应该把自己宝贵的时间交给电脑和电视。

　　你可能看到这里的时候，心里为之一动，但是，明天就开始执行，才算是收获了。

　　"八小时内求生存，八小时外求发展！"晚上8点到10点，你在做什么？他在做什么？你们可以一起做点什么？

一起去健身房

　　运动是需要动力和毅力的，一个人运动，多半会以失败而告终，但是如果有人在旁边监督和陪伴，你就会更容易坚持下去。

　　去健身房办一张双人卡，相对单人会员卡，还有不少优惠。

　　去置办一身好的训练服，也可以是情侣装，还有毛巾、水壶。好的装备会让你们更加有动力。

　　在健身房锻炼身体，很多器械都需要两个人配合才能达到更好的效果，而你们刚好是两个人。两个人去健身房的好处就是：相互监督，增加互动和帮助。

　　你们还可以去跳操，尽情挥洒汗水。一般的拉丁舞课，都需要男女搭配，平时总是随便找个舞伴凑合，现在，你们正好就是一对儿了！跳舞，会让你们充满性感的魅力。

　　有的健身房有游泳池，那一起去游泳吧，享受戏水的乐趣。游泳是一项非常塑形的运动，不仅可以缓解肌肉疲劳，在单位小时里消耗热量也非常大，可以塑造身体曲线。

　　运动，可以改善焦虑，缓解压力。剧烈运动之后出一身汗，可走出健身房时，两个人的心情都会十分舒畅。

为对方小小的进步庆祝一下！

有个朋友说，感情其实最重要的不是你们两个人之间有多少甜蜜瞬间，吵过多少次架，也不是你们两个人之间互相送过多少珍贵的东西，而是你们两个人一起经历和见证了对方的成长过程。就是那些一起手牵手、肩并肩的成长，才让你们成了对方眼里和其他人不一样的人，因为对方有一段生命曾在你的生命里留下印记，在那些经历里，你们在一起。

对方的每一次小小的进步，你们都一定清楚地记得吧？他在公司的业务竞赛中拿到了一等奖，或者签下了一笔大单子，谈了一个大客户，升了职，拿了提成，他一定会第一时间告诉你！或者，她码了很久的字，终于发表了，刚学会了开车，小心翼翼地带着你上路。这些小小的瞬间，都值得你们去庆祝一番！

"我真心地为你感到高兴！"这是一句多么温暖的话啊！

前面的路还很长，还有很多次的庆祝在等着你们。

两个人养一盆植物

植物是一种非常安静的会呼吸的生物。

养一盆植物在家里，时刻记得料理它，就好像家里多了一个人，你要记得给它浇水，给它晒太阳。它开花了，你很开心；它没精神，你会着急。养一盆植物在家里，不管是名贵的还是普通的，慢慢看着它长大，呵护它。你出差了，他帮你照料它，你不在家的时候，它仍然在对方的照料下继续生长，等你回来，它又有了变化，长成你快不认得的样子。两个人之间，有一个东西在那里，需要时不时地去看看。那盆植物也成了你们之间的无数个联系之一，是一种会呼吸的安静的联系。

各种养植物的小工具

 小花盆

我喜欢收集小花盆，有时候，甚至是因为想拥有一个漂亮的小花盆而去养一株植物。纯白色的花盆是我的最爱，因为和绿色的植物相搭，它们是绝配。

小喷壶

　　每次用小喷壶去浇花，都有一种幸福感，因为那个"刺刺"的声音很好听，喷壶嘴喷出来的水珠很细很细，洒在植物上，形成小小的水珠，或者被迅速吸收，对植物来说，就像接受了一场及时雨一样。

　　🌰 花肥

　　花肥在花鸟鱼虫市场能买到，有了它，能让植物长得更快更繁茂。但是，注意不能施得太多，植物可能会因"营养过剩"而变得枯黄。

每个月有那么几天，她需要你的照顾

做女人不易，每个月都有那么令人烦恼的几天。

据说有80％的女人，有不同程度的痛经。"3/4的妇女痛经病发作时无法正常工作。"这是男人无法体会的痛苦。大多数男人只知道，每个月总有那么几天，她似乎脾气特别坏。

在那个时候，她十分需要你的照顾。

学会如何照顾经期的女生，是男人十分重要的功课。

这样照顾特殊时期的她：

1 百依百顺，让她保持心情舒畅，精神愉快。那几天，不要惹她，尽量做到打不还手、骂不还口，有气也忍着。

2 监督她保持生活规律，督促她早睡。

3 监督她少吃冰冷、油炸的东西。

4 监督她不要喝酒。

5 监督她不要碰冷水。小腹和脚，不要凉着。

6 如果她肚子疼，给她一个热水袋或者一片暖宝宝热敷。血液循环加快，能减缓疼痛。

7 用大手给她焐肚子，这个时候，手的热度是有限的，但是对她的心，确是很有效的。但是，不要捶腰。

8 给她泡杯红糖水，或者用醪糟水煮糖鸡蛋。

9 她平时爱吃什么，做点儿好吃的给她。

10 通常那几天，女生都爱吃甜食，给她买点儿奶油蛋糕什么的。

11 晚上烧热水给她泡脚。

男朋友不难找，但细心的少。知道疼女友的男人，就是少之又少！

每个月，他也有那几天

其实男生每个月也有那么几天，莫名其妙地不舒服和难受，类似女生的生理期。

万事万物，都有它的节律，包括人的身体和情绪，都不会永远是一条直线，它也有高低起伏的。

男人是一个不爱倾诉、不喜欢表达的族群。有事都扛着、憋着，或者闷着，要不然就是抽烟喝酒。不像女人，不高兴了，说掉眼泪就掉眼泪。

男人虽然不会像女人那样，有明显的、固定的生理周期，但是，会出现周期性的情绪低潮。他们会每隔一段时间，情绪低落、烦闷、焦虑，身体不舒服，对工作和生活都提不起兴趣，有的甚至会脾气暴躁。

在他的"那几天"，女人最好保持安静，在生活上细心照顾他，比如，煲汤、泡茶，给他捏捏揉揉，尽量温柔地对待他。千万不要因为他情绪有了变化就抱怨：你这几天对我不好了！你的抱怨，只会加重他的烦躁。

对待出现暴力倾向的"生理期"男人，最好就是让他待在一边，不要理他，更不要惹他，等他这段时间过去就好了。

监督对方，把用过的东西放回原处

很多人都会有一个坏习惯，就是每次东西拿出来用之后，都会忘记放回原处。所以，不知不觉间，家里变得越来越乱，每次想找什么东西都乱翻一气，再找不到，就气急败坏，只好用那句话安慰自己：当你不想找它的时候，它自己就会出来啦。

有时候，我有一种错觉，仿佛家里就有这样一个"黑洞"，很多东西被吸纳进去之后，就再也见不到了，比如我扎头发用的黑色皮筋，他的袖扣，某本买了之后还没来得及看的书，豆浆机的电线，一个很好用的指甲钳，上次在超市买的一包木耳……尤其是黑色皮筋，买得再多，总是用着用着，它们统统就消失不见了。

这样下去可不是个办法。相互监督吧，记得每次都把用完的东西放回原处。尤其是厨房、卫生间和衣柜这几个地方，是最容易丢失东西的。在那些地方都贴上小纸条吧：放回去！放回去！

如果犯了三次以上，就罚那个人给家里大扫除一次好了，或者给对方买一件礼物。

一个人生活，很多坏毛病只能听之任之，有了另一个人一起生活，正是改掉坏习惯的好时机！

给他熨烫衣服

男人的很多衣服，因为都是用材质相对比较硬朗的材料做的，所以需要经常熨烫。男人自己肯定是想不起来做的，所以看到身边的男生穿出去的西装和衬衫是皱巴巴的时候，我就会想，他可能没有女朋友，就算有，可能也是一个不大喜欢做家务的女生。

当你有了另一个他，恐怕不太希望自己的男人被别人这样想吧？

你把他的衣服熨烫得整整齐齐，笔挺得很，他出去的时候一定显得很有精神，不用他夸你，别人也知道你是个十分会体贴人的女人。

一般的蒸汽熨斗，熨斗的底部是否干净很重要，使用之前，最好用毛巾擦拭一下。熨斗用久了，会有点涩涩的，这样熨出衣服来会让衣服有很多小褶皱。这个时候，拿毛巾蘸一些无色无味的油，擦一下熨斗，熨斗就会非常好用了，熨烫的时候也会非常省劲。

在熨烫衣服之前，要先看清楚衣服的质料特性，才能知道正确的熨烫方式。有些化学纤维不能用高温；一些天然纤维，比如丝、毛也不适合高温，而棉麻就不怕高温。这些知识，在衣服水洗标上，会有清楚的标示。

有些布料，不能直接用熨斗在衣服表面烫，因为会伤害衣服本身的颜色和材质，这时候，你最好在上面盖一块布料或者毛巾，再熨烫。

熨烫毛衣的时候，如果直接用熨斗去烫，会破坏毛线的弹性，所以最好用蒸汽熨斗，将蒸汽喷在毛衣的皱褶处，让它风干就好。如果皱得不是很厉害，可以挂起来，直接喷水在有皱褶的地方，毛衣风干之后，就平整了。还有一个省力的小方法就是，把毛衣挂在浴室中，利用洗澡的蒸气，也能把它熨平。

熨烫长裤时，一定要先把裤子翻过来，口袋掀开，先烫裤裆，其次是口袋。然后烫正面，裤腰，然后是裤脚的内侧、外侧。最后，把两边裤脚合起来，再熨烫。

熨烫衣服要注意：

1 烫裤子的时候，裤线可以用大头针先固定住。

2 颜色深的布料，高温熨烫会掉色，最好在上面盖一层布再熨烫。

3 衣物熨烫完后，不要马上收进衣柜，要放在通风处把水蒸气蒸发掉，然后再收起来。这样，在潮湿的地方，衣服才不会有霉味。

给他（她）揉揉肚子

中医大夫总说，没事给自己揉揉肚子对身体很好。

自己给自己揉肚子，和有个人给自己揉，感觉和效果都会很不一样。

两个人在睡觉前，互相给对方揉一揉肚子，不但可以帮助消化，促进肠胃蠕动，还能疏通经络，调和气血。现在便秘的人越来越多，如果互相揉一揉，第二天起来上厕所，就会觉得轻松许多。

揉肚子，主要是按摩人的肚脐周围和肚子上的五个穴位，从而加快腹部血液循环，促进胃的收缩，帮助蠕动和消化。

具体方法是这样的：先用左手按住对方的腹部，手心对着她的肚脐，右手叠放在左手上，先顺时针方向轻轻地揉腹部，然后再逆时针方向轻轻地揉腹部，注意，一定要轻轻地，然后要画着圈儿揉。不能乱揉乱捏。另外，也可以用一只手，轻轻放在对方的腹部上，以肚脐为原点，由小到大地往外画着圈揉。

　　按摩的时间也很重要，如果只是象征性地揉两下，当时觉得舒服了，但不会有太好的效果。

　　中医按摩，有按三十六下或者七十二下的说法，但是按起来的时候，一下一下地数，太麻烦，也很枯燥。你们可以在按摩的时候看一下时间，按摩肚子，最好是五分钟以上，那样才会有效果。

　　慢慢地、轻轻地给她揉肚子，直到她肚子里有感觉，你也觉得她的腹部慢慢有点儿发热了，那才是真正按摩到位了。

　　当然，时间上不可以太短，但是也不可以太长。最短不能少于五分钟，最长不要多于十分钟。

　　还有一点要注意，揉肚子不可以在饭后马上就做。因为那个时候正是肠胃在消化的时候，按摩很可能会导致消化系统的紊乱。饭后一个小时，才可以做。睡觉前做是最好的。肚子被揉得软软的、热热的，睡得也会更加香甜。

按摩肚子的方法：

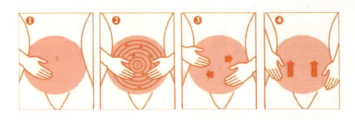

小女友的可乐鸡翅

现在有很多女孩都不会做饭。想学又怕做不好。

没关系，教你一道怎么做都好吃的菜——可乐鸡翅！

材料：

 鸡翅   老抽   生抽

 盐   胡椒粉   料酒

 葱   姜   可乐

把鸡翅洗干净，在鸡皮上轻轻划几刀；

在鸡翅里加入两勺料酒、一勺生抽、一点儿盐和胡椒粉，拌匀，腌制两个小时；

锅里放油，用小火煎，把鸡翅煎到两面发黄；

把火调大，放入姜丝和葱丝，翻炒一分钟；

倒入适量可乐和两勺老抽，烧开；

改小火，慢慢将鸡翅炖煮二十分钟；再改大火，收汁。一盘色香味俱全的可乐鸡翅就大功告成！

戒指

每个女孩，都会难忘一些简单的时刻，比如，他给她戴上项链，或者戒指。

一个简单的把戒指滑入手指的动作，包含了太多的情感和意义。

戒指，在古时候，人们称它：手记、约指、代指或指环。

戒指一直被认为是爱情的信物。彼此相赠，从此厮守，山盟海誓，以此为证！

它可以是金属的，也可以是塑料的、木质的，或者骨质的，誓约之物，不以贵贱来论。

戒指可以表达你的感情，也可以对外宣告爱情，拒绝诱惑，所以它要以"戒"为名。

不一定买最贵的，也不一定要铂金、钻石的。银戒、钢戒，现在成了很多恋人的选择。

手指短的，最好戴细一点儿的戒指。

手指不够丰满，可以戴有镶嵌的戒指。

手指粗，戒指不要太复杂。

如果要买婚戒的话，最好两个人一起去。量力而行，与其花那么多钱买一枚戒指，还不如买一个适当价格的，然后把剩下的钱，拿去旅行。

　　好看的、永不过时的戒指，永远是简单、平实又典雅的戒指。而且，还方便搭配各种衣服。

　　戒指就是一个圈，环绕在手指，也守护着你们的爱情。

两个人搬去小城市

看过一个调查：全世界最快乐、最幸福的地方，往往不是大城市。

在大城市生活，最大的问题就是空气、房子和交通。

空气问题就不用说了，恶劣指数天天爆棚，微博有人发出了清洗空气净化机时的照片，那盆黑黑的脏水，真是看得人心惊！

交通也很恶劣，我有朋友开着车，堵在路中间，堵得哭，因为一个半小时，她只开了2000米！而办公室里，一个她不能不出席的会议，已经快要结束了！

房子，更是让人叹息！对于大多数人，一辈子不吃不喝，也就能买一个不够全家人居住的小户型。而且，大都市里的小区，一走进去，就是孤独和疏离的气氛。

在大城市，去医院也是一件让人很崩溃的事情。我曾有亲戚去北京协和医院看病，看了门诊以后，大夫填写单子，说，3个月以后过来做B超吧！——病人太多，已经排到3个月以后了！

这几年，我曾经历各种困难和阻挠来到的北京，交通已经越来越拥堵，空气越来越脏，物价越来越贵。我担心的是，即便我在这里有了房子，可能也不会感到幸福！

所以，开始想离开这里，去小城市居住。

买一套房子，不再吃力。

有了网络和飞机以后，小城市不再像过去那样闭塞。二线城市，也有各种大商场和影院剧场。

小城市的生活方式充满活力，又比大城市多了几分悠闲。生活慢下来了，却又不落伍。

小城市没有堵车之忧。走路、骑车，就可以到。中午可以休息，回家做饭吃饭，还可以午睡一会儿。

小城市可以吃到新鲜的蔬菜水果，甚至是菜农刚从地里摘来的。

小城市生活惬意，有人情味，有老同学和亲戚。人年纪大了，才会越来越知道"老熟人"的珍贵。

将来如果有孩子的话，孩子上学方便，不需要准备一笔天价择校费。

总之，去小城市，是为了摆脱压力。人生苦短，时间应该用来享受生活，而不是永无止境地忍耐。

离开大城市，并不是一件"悲情"的事情。退一步，海阔天空。交通方便，如果你想回，随时也可以回。

去了小城市，并不是说，你的生活就在小城市了。将在大城市生活的成本节省下来，每年利用假期外出旅行，这个世界对你来说，可能更宽了！

再忙也要帮她分担一点儿家务

在她做饭的时候，帮她剥个葱，洗个菜。

在她不方便碰凉水的时候，你来洗个碗。

每天出门的时候，把家里的垃圾带下楼去。

周末在家，她洗衣服，你拖地。

洗完了衣服，你们一起把它们晾在阳台上。

换个灯泡。

给金鱼换水。

家里的东西坏了，能自己修理，就自己修理。

你知道吗？女人其实最喜欢看男人神情专注地修理东西了！

再忙，也要帮她分担一点儿家务。这是爱她最简单的方式。

去夜店疯一次

有了恋人的时候，因为告别了单身的生活，所以很少会去夜店和酒吧这样的地方了。总觉得自己有了伴侣，就应该告别那些浮躁纷乱的场所了。

但是时间久了，好像也会有一些过于平淡的感觉。这个时候，去夜店玩吧，两个人一起。

去那些你们过去经常去的夜店。

穿上你最喜欢的裙子。

你也许很久没有化浓妆了，这个晚上，干脆抹上大红的口红吧！

别忘了，高跟鞋！

最好在夜店门口存上包。

去的时候身上带信用卡，少带现金，防止有小偷出没。

端上酒，把自己沉浸在那样的灯光和音乐中。

你们可以尽情跳舞，站到DJ的面前去，尽情挥洒汗水。

也可以跟过去在夜店认识的朋友打个招呼，一起喝上一杯。

一般夜店从晚上九点开始到凌晨三点结束。建议在晚上九点三十分左右去，凌晨十二点左右的时候走，太迟去可能人太多没有位置。而凌晨的时候走，是因为那个时候玩得差不多了，累了就别过多地消耗自己，收拾收拾回家睡觉吧。

8个美好的小众网站

推荐给你们8个美好的小众网站，内容丰富，界面设计简洁舒服，喜欢就收藏起来，没事去看看吧！

1 "学习与进步" —— MyOOPS开放课程
HTTP://WWW.MYOOPS.ORG/MAIN.PHP

这里有来自全球顶尖大学的开放式课程，有来自世界各地的千名义工为你做翻译。请免费享用！

2 "收录美好的图片" —— 迷尚网
HTTP://WWW.MISHANG.COM

收录好图，收录时间里的细枝末节。因为光，因为影子，因为细节而感动和幸福。

3 "让我们换个角度生活"——椰尚网

HTTP://WWW.YESOME.COM

小清新们的求购交流网站，想要什么东西，只要说出来，就有人为你推荐。

加入部落，可以找到相同爱好的朋友、看到自己感兴趣的文章。

4 "改变从这里开始"——心理网

HTTP://WWW.XINLI001.COM

这是一个小小的心理网站，心理学家和心理学爱好者都长期驻扎在里面。如果你们有什么困惑，可以去那里找到贴心的答案。这里提供的心理测试值得你认真去做，还有治愈系列图片，可以下载来当手机桌面哦！

5 "好看的生活百科"——几分钟

HTTP://WWW.JIFENZHONG.COM

几分钟里，可以做什么？

"如何用纸叠一只熊猫？"

"如何防止晕车？"

"雪地中如何安全骑车？"

这是一个可爱的知识分享平台。汇集大量视频，简单易学。你学会了什么，也可以上去秀一下！

6 "最简单的美食网站"——下厨房

HTTP://WWW.XIACHUFANG.COM

"电饭锅也能改变世界。"

"不麻不辣非正宗。"

"素食专区。"

已经有二十多万美食爱好者驻扎在那里了。参照69952个菜谱，大家做出了30812个作品，你们不想去看看吗？

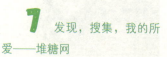

7 发现，搜集，我的所爱——堆糖网

HTTP://WWW.SKETCHSWAP.COM

家居生活、服装配饰、旅途风景、美食菜谱、手工插画、怀旧复古、电影和书。

凡是你喜欢的东西，这里都有。页面大方简洁，由大图片构成，赏心悦目。在这里，你一定能找到自己的所爱，还能交到志趣相投的朋友。

8 每日一文

HTTP://WWW.MEIRIYIWEN.COM

这恐怕是我见过的页面最简单的网站了。点开进去，就是一篇千字文。只需要花几分钟就能读完。但是，看这样的一篇文章，你不但能感受到阅读的快乐，还能有所思、有所得。

小动作，大爱意

1 他进浴室洗澡了，偷偷帮他把门口的拖鞋换个方向。

2 早上，递给她一杯浓浓的蜂蜜水。

3 当他睡下去的时候，脚碰到了你为他充好电的暖宝。

4 偷拍她安静和美的瞬间，然后给她看。

5 拿手机，读手机报的新闻给她听。

6 给她系上围巾。

7 给他缝补破洞的袜子。

8 坐下来，分析两个人的星座。

9 两个人吃一盒冰激凌。

10 为他暖被窝。

11 弹一首曲子给她听。

12 背靠背坐一会儿。

13 把他打扮成女生。

14 给他刮胡子。

15 出门时吻别。

16 给他抓背。

17 给他把牙膏挤好。

18 把她的凉手放进怀里。

19 揉揉她的头发。

20 尽量早回家。

两个人，要少计较

　　我曾经向一对恩爱的情侣讨教他们如何做到感情保鲜，一团和气。那位女朋友只说了一句：就是计较得少！

　　是啊，牙齿和舌头都会打架，更何况两个活生生的人呢？在一起生活，就会有矛盾，就会有争吵。

　　一个人，再完美，也不可能让你事事如意。

　　不要因为他说错了某句话，就记住了，找到了机会，就要他"说清楚"。

　　不要因为一件已经过去的小事，再次拿起来喋喋不休。

　　不要总是念叨：我付出过多少？而你，又回报了多少？

　　不要让不愉快的情绪，在心里停留太久。

　　钻牛角尖的时候，对自己说一句：多大点事儿啊！

　　该过去的事情，就让它过去。

　　永远看向明天，看向未来。留在记忆里的东西，尽量都是美好的。

　　这就是"计较得少"。

　　不要死盯着对方的缺点，要多看到他的优点。如果你觉得要做到很难，那就尽量做到多站在别人的位置去想问题！该忘记的，就忘记。千万不要不依不饶。

把对方说的有意思、
有意义的话记下来

有一年，我男友的腿踢足球受伤了，我在医院陪他。他跷着一条打了石膏的腿，我们在病房里聊天，给他抽根烟，他尽量不叼在嘴上，以免被病房外走过的护士发现……外面下着四月的大雪，我们听着阿根廷大师的《一步之遥》，说起《闻香识女人》里的男主角，他感叹说：人不管身处何处，不管是穷是富，不管是瞎子还是瘸子，一定要活得有自己的气场，活出自己的风格来……

当时，我觉得这句话很好，就把它写进了手机里。

过了三年，有一天很无意地，我在手机里看到这个，就念给他听。他很惊讶：我说过这句话吗？

同时，他也很高兴。

他还跟我讲过：我小时候，过年的时候放炮，点上了，炮不响，我凑过去看，扑哧！我的眉毛和睫毛都被烧光了，然后，我哭着回家了。

我把"然后，我哭着回家了"记了下来，每次想起，都很好笑。

把两个人有趣的对话记下来，慢慢积累，好多年以后再来看，特别有意思。

她也许只需要一个拥抱

当男人做错了什么事情，女人开始生气。

男人开始解释，女人仍然生气。

男人开始道歉，女人还是生气。

男人继续道歉，心里也气上了：至于这么大惊小怪吗？

女人开始因为这件事，扯到了其他好多他的不对。

男人的生气表现出来：有完没完？

女人：就是没完！

谁也不愿意先服软。于是，一场战争开始了。

其实，在这个过程中的任何一个阶段，男人只需要强行把她拉到怀里，一个拥抱，就能解决所有的问题。

吵架真的是一件很伤人的事。

大部分人吵架的原因，无非就是在争论谁对谁错，谁更有道理，谁在无理取闹。争到最后，就算是对的那个，也十分受伤。而错的那个，心里更挫败。

在面临矛盾的时候，男人往往都没有那么好的耐心。而正是因为他想草草结束争吵，结果却是引来无休止的争吵。

有可能在所有的情绪过去以后，女生也会觉得自己很傻，为了这么小的事情，弄得两个人吵半天。

为什么吵架？就是因为有人心里不舒服。为什么不舒服？没有为什么，就是不舒服。

爱人之间，有时候，就是如此没有道理——我不用向你解释我情绪的来源和去向，因为我也不知道，就是心里不舒服而已。

一个孩子哭闹，父母会以为他身体不舒服。其实他并不是不舒服，只是想得到妈妈的爱抚和拥抱而已。

有时，女孩子跟你吵架，就是一种索求。

她要确定你在乎她，你需要她。她需要你去安慰她和忍让她。

在她的眼里，你让着她，就是爱。

所以，在吵架的时候，不要和她争论谁对谁错。就算是不可理喻，就算是无理取闹，也许你一个拥抱，她就可以瞬间安静下来，像一只温顺的猫。

"有我呢！"

　　经过长时间的考虑，她终于走进了上司的办公室，递交了辞呈。

　　这是她多年的梦想，她想挣脱各种束缚，成为自己人生真正的导演，她想用剩下的人生，去做自己喜欢的事情——先从做一个自由摄影师开始！

　　做这个选择并不容易。她要离开的是一个国有银行单位，这份工作，曾经让她的父母骄傲，毕竟是可以作为人生归宿的地方啊！

　　父母首先是最反对的，因为，她要放弃的是很多实实在在的利益。而放弃之后，要面临的，是各种不确定、未知和恐惧！

　　辞职了，每个月，不再有固定的收入，你现有的钱，够你生活多久？由俭入奢易，由奢入俭难。在降低生活标准之后，你能适应并且没有怨言吗？

　　辞职了，没有单位的制度约束自己，你能保证战胜自己的惰性，安排好自己的时间，而不是让它虚度吗？

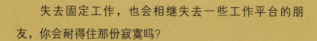

　　失去固定工作，也会相继失去一些工作平台的朋友，你会耐得住那份寂寞吗？

　　失去了安全感，你的脾气会不会发生改变？

　　曾经，她纠缠于这些问题，迟迟不敢作出决定。

　　但是，最终，她还是下定了决心：听从自己的内心，做当下最想做的事情，选择自由的生活。

　　现在，她已经开起了自己的摄影工作室，渐渐有了客户。一切，看起来并没有当初想的那么容易，也没有那么艰难。

　　这一切，还有一个原因，因为他在，他对她说过：没事，有我呢！

给他做面膜

　　去屈臣氏转一圈就知道，现在的男士，爱美方面，可一点儿不比女生少。化妆柜台上，连男士的眉粉和BB霜都上市了。

　　做面膜，是一种高效的护肤方法，对于"急功近利"的人来说，它有立竿见影的效果。

　　现在，做面膜已经不再是女人的专利，男士们也开始乐于接受起来。

　　如果在今天晚上，你们都有时间，那就给他洗个脸，敷个面膜。

　　给他敷面膜，最好是用织布式样的覆盖面膜，这样，当面膜揭下来的一瞬间，他能看到上面的营养液已经被自己干涸的皮肤吸收干净，皮肤马上变得饱满和有神采。

　　不过要注意，给他敷面膜，时间要比给自己做的短一些，因为男生的皮肤普遍比女生的干燥，所以，如果使用超时，面膜会在干了以后，反吸他脸上的水分。

1 面膜最重要的作用，就是给皮肤补水。

2 秋冬季节，也可以给他做一两次膏状面膜，给皮肤补充油分。

3 做面膜前的清洁工作一定要做到位。

4 如果他的皮肤角质层很厚，可以定期在做面膜前，帮他去去角质。

5 睡眠面膜可以帮助特别干涸的肌肤恢复弹性，如果他不介意的话，也可以用。

6 如果他晒伤了，别忘了，马上进行急救面膜修复。

7 做完了面膜，别忘记擦上保湿乳液。

谁也不希望自己的男朋友走出去一脸角质层，干纹密布，甚至干燥起皮。关心他，就要连面子都关心到！

做面膜是一件愉快的事情，两个人一起做，靠在沙发上看电视，或者静躺着聊聊天，也乐趣无穷！

适合男人用的面膜类型：

1 **苹果多酚面膜**：可以去除皮肤老化角质，赶走暗沉与粗糙，平衡油脂，细致毛孔。

2 **玻尿酸面膜**：超人气的保湿经典成分玻尿酸，能快速浸润角质层，使皮肤丰润饱满，还能长效保湿。

3 **珍珠粉面膜**：养颜润白，活肤，使皮肤散发亮丽光彩。

4 **燕窝面膜**：提高皮肤保湿度，淡化干纹、表情纹，使皮肤恢复弹性。

5 **胶原蛋白面膜**：补充养分，帮助皮肤紧致有弹性。

6 **红酒多酚面膜**：舒缓皮肤，提升皮肤保水能力，再现光泽和明亮。

给她她想要的，却没说出口的

多久没有送她礼物了？

有时候，相处久了，想送礼物，又觉得是不是显得太刻意了？或者想，也许我们之间，不需要这么表达，所以把念头打消了。

但是，你要知道，女人是喜欢礼物的动物，哪怕是一件很小很小的东西，都会让她开心的。

你那么了解她，一定知道她想要什么。

有时候，她不说，是因为体谅你。

有时候，她也会不好意思开口问你要。

她也许想要一条长长的棉布裙子，或者一个带流苏的包包。

她也许想要一个MAC笔记本。

她也许想要一瓶香水，或者一支淡色的口红。

也许只是一条围巾、一盒巧克力、一个小花盆、一套咖啡杯。

或者，只是一张小小的卡片。

送给她吧，她会非常开心的。因为这是她想要，却没有说出来的。

143

像动物一样

　　如果有一天，在你们亲密之前，尝试放下所有的尴尬和羞耻。决定像动物一样来感受彼此的身体，其次，感受彼此的接触。忘记你是一个人，忘记你们的道德、规矩、语言、周围的人和周围人的想法。发现彼此原始的一面，像动物一样，交换汗水、呼吸和气味，那么，你将得到不一样的收获。

　　"发现自己动物的一面"，不容易做到。但是做到了，你会体会到自由和快乐。

　　因为人总是有一颗想冲破禁忌的心。只是很多人，他们把这种冲动深深地掩埋了起来。

　　为所欲为，那种感觉，真是太好了！

　　肉体的自由，会带来心灵的自由。

　　"你就像一个野兽！"是对对方最大的赞美！

　　不管那么多，跟着感觉走，跟着欲望走。约定俗成的东西，让它们暂时到一边去吧！

145

不要总是问：你到底爱不爱我？

你信吗？一个人要是真爱你，他是不会总把"我爱你"挂在嘴边的。

但是，总有很多女人，非常在意他的"表白"。如果他不说，就不停地问。

一个朋友，飞飞，告诉我她的经历，她说，曾和男友在咖啡馆见证身边的朋友表白，那个表白的男性朋友作了动人的发言，还下跪送戒指，朋友们都很感动，她更羡慕，同时也很期待地看着自己的男人。

但是，她的男人是一个不爱说话的人。

于是，她在上网的时候，调出转帖量很大的那个"快闪"表白的视频给他看，她感动得流泪，他"哦"了一声，面无表情，基本没反应，继续做自己的事情去了。

这个世界上有各种各样的表白，什么玫瑰花啦，在宿舍楼下喊啦，在机场接啦。她不知道自己是不是能得到一个。她期待着，但心里觉得根本没戏。

他继续和她生活，有一次，他突然在刷牙的时候喊肩膀疼，她问他怎么了，他说给公司搬家的时候，摔了一跤，

她提议去医院看一看，他说不用，看病太贵。

过几天，下了雪，她走路突然滑倒，一屁股坐在地上。所有路过的人都看着她，没有人上前帮她。

她坚持起来。到了公司，发觉身体不对。

她给他打电话，说自己摔了。

他一路狂奔来找她，带她到医院，帮她挂号，跑东跑西，陪她拍片。一脸着急，满头大汗。

她说，都来医院了，你也看看你的肩膀吧。他说不用！

这时，他们在医院看见了当初那个当众表白的男人，不过他带着别的女人来看病，被他们遇见了。

飞飞说："他扶着我回家的路上，我倚靠着他，终于明白了，不会表白的男人，不一定没有爱。从那以后，我再也不缠着他，问那个幼稚的问题了。"

两个人的电影

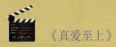 《真爱至上》

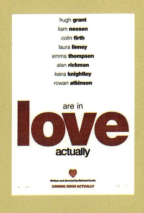

导演: 理查德·柯蒂斯

编剧: 理查德·柯蒂斯

主演: 休·格兰特 / 柯林·菲尔斯 / 艾玛·汤普森 / 凯拉·耐特丽 / 连姆·尼森 / 托马斯·桑斯特 / 比尔·奈伊 / 马丁·弗瑞曼 / 劳拉·琳妮 / 艾伦·瑞克曼 / 克里斯·马歇尔 / 罗温·艾金森

类型: 爱情

国家: 英国

    英国2003年的贺岁电影,一群英美的大牌演员联袂出演,阵容十分强大,而且每个角色之间都有千丝万缕的联系。他们各自的感情最感人的是那段"白板告白",看到的时候十分感动。这是我最喜欢的电影之一,每次心情不好的时候拿出来和他看一看,感动一会儿,两个人一起哭一哭,看到最后,当音乐响起,我们心里总是暖暖的。

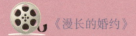 《漫长的婚约》

导演: 让-皮埃尔·热内

编剧: 让-皮埃尔·热内

主演: 奥黛丽·塔图 / 加斯

帕德·尤利尔 / 玛丽昂·歌迪亚 /

多米尼克·皮诺 / 朱迪·福斯特

类型: 爱情 / 战争

国家: 法国

这部法国电影讲述的是一

个法国女孩, 凭着自己不灭的信

念, 一直追寻在"一战"中失踪

的未婚夫的故事。

 《麻木》

导演: 哈里斯·古德伯格

编剧: 哈里斯·古德伯格

主演: 马修·派瑞 / 琳恩·柯林斯 / 凯文·波拉克

类型: 喜剧

国家: 加拿大

这个电影讲述了一个患抑郁症的编剧的爱情故事。开始的时候，电影节奏很阴郁，让人觉得沉闷，但是看到后来，你会被电影中平淡又深刻的感情打动。

每个人的人生中都会经历低潮，这个时候，如果爱人还不离不弃地陪在自己的身边，那就是一种不用言说的深爱。这部温馨的爱情喜剧，两个人一起看看，会懂得如何在逆境里相互扶持。

 《幸福终点站》

导演: 史蒂文·斯皮尔伯格
编剧: 安德鲁·尼科尔
主演: 汤姆·汉克斯 / 凯瑟琳·泽塔-琼斯 / 史坦利·图齐 / 迭戈·鲁纳
类型: 喜剧 / 爱情
国家: 美国

汤姆是一个东欧小国的公民，来到美国。结果在飞机上的时候，他的祖国发生暴动，原先的政权被推翻了。他的护照因此也不再被美国政府承认。于是他成了一个无国籍的人。只能待在机场了。之后汤姆就在机场开始了他的艰苦岁月，又遇到了美丽的空姐，故事也就开始了，最后，糊涂的男主角在新年之夜才发现自己早就爱上了女主角。

 《恋爱假期》

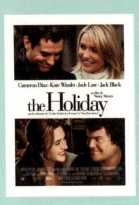

导演：南希·迈耶斯

编剧：南希·迈耶斯

主演：卡梅隆·迪亚茨 / 凯特·温丝莱特 / 裘德·洛 / 杰克·布莱克 / 埃里·瓦拉赫 / 爱德华·伯恩斯 / 卢夫斯·塞维尔 / 詹姆斯·弗兰科 / 达斯汀·霍夫曼 / 琳赛·洛翰

类型：喜剧 / 爱情

国家：美国

电影讲述两个恋爱受挫的女人，一个在英国，一个在美国，通过交换房子的方式去对方那个国家度过平静安详的圣诞节，在度假期间发生了很多故事。最美好的是，双方各自在对方的国家里，找到了真爱。轻松愉快又养眼的电影，两个人在一起看很适合。

《八月照相馆》

导演: 许秦豪
编剧: 许秦豪 / 吴尚奥
主演: 韩石圭 / 沈银河
类型: 爱情
国家: 韩国

女交警德琳爱上了照相馆老板正源，可是正源患上了绝症，剩下的日子不多了。面对德琳对自己明显的爱意，正源明明喜欢她，却不敢接受。这段令人心碎的爱情在还没来得及发生的时候，就已经结束。

一起去泡温泉

寒风凛冽的冬天，好像到处都冻上了。

两个人在屋子里，好像怎么待着都觉得冷飕飕的。这个时候，最舒服的是去郊区找一个风景如画的地方泡一泡温泉。

两个人一起去的话，会有情侣单独的小包间，在漫天大雪的时候，两个人在热气腾腾的小房间里泡着温泉，一边看着外面的冬景，一边说说话。泡累了还可以休息一下，吃点儿东西，真是一件惬意的事情。

泡温泉不仅可以暖身，还对身体有很大的益处。泡温泉时，温泉中的矿物质会透过皮肤促进血液循环、加速新陈代谢。因此，泡温泉既能驱寒、健身，还有利于一些疾病的治疗。

泡温泉的时候，要注意：

1 肚子饿的时候，不可以马上泡温泉，因为空着肚子泡温泉很容易会有头晕、想要吐及疲倦的情况。如果坐了很久的车或是走了很远的路，非常累了，不可以马上去泡温泉，不然会越泡越累。

2 睡眠不足或是熬夜了，如果突然泡温度很高的温泉，可能会发生休克或是脑部缺血的情况。心情很兴奋或是很生气，心跳变快的时候，也不适合泡温泉。

3 刚吃饱饭或是喝完酒，不可以马上去泡温泉，不然会有消化不良及脑溢血的情况。营养不良或是生病刚好身体虚弱时，千万不可以去泡温泉。

4 得了急性感冒、急性疾病或传染病的人，最好不要去泡温泉。女性生理期或其前后、怀孕的初期和末期，最好也如此。

敢进鬼屋吗？

俗话说：不怕鬼吓人，就怕人吓人。

鬼屋最吓人的地方就在于，它就是人吓人！去过鬼屋的朋友都告诉我，那是一个多么可怕的地方，每次去都是尖叫着跑出来，感觉好像自己进入了一个恐怖片的情景里。但是每次说完后还是会乐滋滋地去第二次，可能人的天性里对于惊吓就有一种向往，就像是看恐怖片，惊吓会让人分泌出让人头晕目眩的激素，那种感觉，就像是恋爱，让人一尝难忘。

很多男生喜欢约女生一起去鬼屋，因为女生感到害怕的时候，立刻会忽略和男生之间的距离，瞬间就有十分亲密的行为。所以如果情侣一起去鬼屋，不但可以体会那种恐怖的刺激，还可以促进感情哦。

 鬼屋TIPS：

1 别做队伍的最后一个人。女孩子胆小，都喜欢躲在最后，但队尾的人正是"恶鬼们"最喜欢骚扰的对象。

2 走在最前面的人往往最安全。因为走在队伍前面的人往往胆子最大，谁还敢吓唬你？如果吓唬你，后面的人就会提前有防备。

3 穿双平底鞋。很多爱美的女孩子喜欢穿着高跟鞋，但这在鬼屋里绝对不适合，跑得不快就会与"鬼"单挑。这种机会，你不想要吧？

4 最好不要带太多东西，鬼屋游艺室里光线微弱，惊恐之下东西掉了不好找。

5 别和"鬼"打架。当鬼扑上来时，有些反应迅速的男生会给"鬼"一巴掌或是一脚，千万要克制自己的情绪，不要伤害可怜的工作人员。

两个人看海绵宝宝

> "我准备好了！"
> ——海绵宝宝的经典台词。

一块又软又黄的海绵，居然生活在海底，他还会说话！这本来就很不可思议。

海绵宝宝就是一块有生命的黄色海绵，他有坚挺的小身板儿，穿着短裤、衬衫，打着领带，有两颗大大的龅牙，两条细细的小腿儿，眼睛大极了！他无忧无虑地生活在太平洋一个叫比基尼的海底，住在一个菠萝形状的房子里，还养了一只宠物蜗牛。

海绵宝宝的性格开朗、纯真，他有许多好朋友——乐观单纯的派大星、性格古怪的章鱼哥、自私市侩的蟹老板，还有力大无穷的松鼠珊蒂。他们这些朋友，各有各的毛病。他们打打闹闹地过日子，闹出了不少笑话。

海绵宝宝有着一副热心肠，经常好心办坏事，但是不管遇到什么事情，他总是积极乐观地面对，他和肉粉色的派大星有着坚固的友谊，虽然派大星有些脑残。看到他们之间的友谊，我更相信：有一个"二"的朋友，也是一件幸运的事儿！

派大星说过一句很让人感动的话："如果我失去你后才能变得知识渊博，那我宁愿做个傻子。"

所以，海绵宝宝之所以能那么开心，就是因为有一个傻呵呵的派大星陪着他。

派大星会和海绵宝宝一起去抓水母，唱好朋友歌给他听。

派大星会在海绵宝宝被蟹老板炒鱿鱼、失败气馁时，扮怪相让他开心。

派大星会和海绵宝宝一起去卖巧克力赚钱。

海绵宝宝要出远门，派大星会替他照顾小蜗。

派大星在过生日时，收不到礼物，就生气得抓狂，当礼物到达，又会开心地哭泣。

派大星还会和海绵宝宝在大晚上抢被子。

"It's a dream for adults, fun for kids。"

《海绵宝宝》是美国最受欢迎的动画片之一，曾获得全美儿童电视动画片收视冠军。据说，每个月都有将近六千万观众看它，其中有一半观众是成年人。我想，这是因为这个动画片是一个美好的小世界，在那里，我们所看到的快乐，是多么简单，看到的宽容和关怀，是多么温暖。

我爱逛超市

有时候，物质是会给人带来幸福感的。

走进超市，就是走进了物质的海洋。

很喜欢大超市那种充实的感觉，又干净，又明亮，又琳琅满目，还飘着新烤的面包的香味。好多好多的东西，都和日常生活有关。有时候生活里缺什么，自己都忘了，但是到了超市，就会全都想起来。

两个人去逛一逛，买点儿菜，或者生活必需品。他推着购物车，你来看价签，称几斤新鲜的蔬菜水果，买两瓶酸奶，再给家里添一提手纸，还有洗发水。挑挑拣拣，商商量量，再往购物车里扔上一堆零食，真是乐趣无穷呢！

1 超市的货架摆放有玄机，通常最贵的东西会放在最佳位置上，而便宜又好的东西，会放在最上面或者最下面，所以，别只顾着拿方便拿到的东西，上下左右多看看，多比较。

2 不要看见打折的东西就走不动道，想想，是必需的吗？

3 逛超市之前最好知道农产品在外面的大致价格，有时候，超市里的蔬菜会比外面的贵。但是，如果是绿色无公害的蔬菜，贵点儿也值得。

4 不是超市里的东西都便宜。

5 有时候超市会几样东西打包起来卖，标出一个看似便宜的价格。注意对比一下，如果打包的价格比单买便宜不了多少，为什么要一次性买那么多回家呢？

6 注意看生产日期。很多在货架上摆在容易拿到的位置的东西都是快到保质期的。

7 收银台旁边通常会放很多口香糖、巧克力之类的东西，有需要再买，不要看见了就鬼使神差地伸手去拿。

没有他，也能安然入睡

　　两个人在一起习惯了。但是如果有一天，他出差了，或者有事不能回家，你会适应一个人生活吗？晚上，你能安然入睡吗？

　　虽然身边少了一个人，多少会有些不习惯。但是，人活着，是免不了孤独的。即便有人和自己一起生活了，有时候也必须面对突如其来的孤独。

　　所以，还不如接受这一个人的时间，好好享用它。

　　接受这份孤独，平静一点儿，不要焦虑，不要动不动就打电话、发短信给他。有时候，惦记了，不一定非得要让他知道。

　　两个人天天在一起，偶尔分开，不是正好享受一下一个人的自在吗？

　　下班和同事出去逛一逛，不要老在心里惦记着他。

　　或者回家，看看电视，吃点儿东西，早点儿入睡。他不在，挺安静的。这份安静，也挺难得。

　　他不在，你还是你。你能很好地与自己相处，不急不躁。

他不在，你仍然按时睡觉。而且能睡得着、睡得好。这样的你，才不是他的负担，他出差在外，也不需要牵肠挂肚，能踏实工作。

他会喜欢这样，既能黏到一块儿，又能保持独立的你。

有些话、有些画，很治愈

 愿你被世界温柔地对待。

 寻找你是我的本能。

以两个人的名义捐款捐物

　　每次买了新衣服回来，就可以把一些旧衣服收起来了。放着也是占地方，以后又不会穿了，捐掉是最好的选择。

　　还有你们打算卖的书，或者，每年固定想捐赠出去的一笔钱。

　　你们可以在网上寻找需要衣物捐赠的组织和地址，也可以把它们送给楼下捡破烂的老太太。

　　在边远的地区，很多孩子到了冬天，连保暖的衣服都没有。那些对你们来说，已经没有用的东西，对他们来说，可以解决生活中的燃眉之急。

　　请记得把衣服洗干净再捐。

　　很多捐赠机构，需要你们填写捐赠人的姓名，这件事的特别意义就在这里了。你们是以两个人的名义捐赠的。平时的生活里，两个人的名字同时出现的机会不多，这一次，当你们看见并排的名字，做了一件有意义的小事的时候，会觉得很开心的。

　　做了好事善事，人的心情，就会变得舒畅。

在他忙的时候，帮他的手机充电

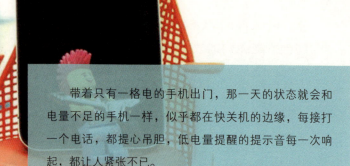

　　带着只有一格电的手机出门，那一天的状态就会和电量不足的手机一样，似乎都在快关机的边缘，每接打一个电话，都提心吊胆，低电量提醒的提示音每一次响起，都让人紧张不已。

　　细心的你，可以给他的手机买第二块电池，每天都保证有一块电池充得满满的，充好了，放到他的包里。每次他在外面忙，忘记给手机充电的时候，都会有一块充满电的电池静静地在包里等着他，他的心里会十分踏实。

　　因为，那块电池代表着你在支持他。

藏在冰块里的爱

　　春天，把桃花冻在冰块里。

　　夏天，把茉莉花冻在冰块里。

　　秋天，把雏菊冻在冰块里。

　　冬天，把梅花冻在冰块里。

　　喝茶或者喝酒的时候，丢一块在里面，看上去很漂亮，喝起来的时候，还会有一股沁人心脾的花香。一个会生活的人，不会放弃去做这么美的事情。

花瓣冰块的步骤其实很简单：

1 先选一些新鲜的花瓣，玫瑰花、茉莉花、菊花都可以，关键是要新鲜，不然就会显得没那么漂亮。还可以选一些带着香味的叶子，比如薄荷叶。

2 把冰格浇上矿泉水，先只放冰格的一半，再把花一朵一朵或者一片一片放到格子里去。每一格放一朵或者一小瓣即可。然后再加上一点水，把花瓣淹没在里面。

3 把冰格放入冰箱的冷冻室，过一个小时之后拿出，鲜花冰块就冻好了。扔两块到酒杯里，就可以开始喝美丽动人的"花酒"了！

去公园静静地待一会儿

　　你家附近有公园吗？两个人去那里，找一个喜欢的地方静静地待一会儿。

　　坐在公园的长椅上，如果是春天，会有阳光洒落在你们的脸上。如果是夏天，浇草坪的喷头说不定会用细碎的水珠打湿你的凉鞋。如果是秋天，会有落叶打在你的肩膀上。如果是冬天，雪花飞舞，你们必须把手紧握在一起，才能互相取暖。

　　即便是在市中心的公园里，一走进去，空气都会马上不一样。如果草坪刚被修剪过，会有沁人心脾的青草香味钻进你的鼻孔。

　　公园的长椅，仿佛天生就是为情侣而准备的。绿树成荫，鸟语花香，你们只是安静地坐在这里，听风的声音，听环卫工人的扫帚划过地面，听不远处一位老人业余又认真的歌声。

　　公园里，会有宠物在玩耍，有人在跑步，还有年轻的妈妈推着婴儿车散步。别忘了对这些从你身边走过的人微笑。美好的生活，从来都是不张扬的。

两个人，出去快走15分钟

如果谁的心情不好，就拉着他出去，来到街上。

一！二！三！开始快走。

两个人并肩前行，穿过人群，过马路，路过一个又一个的红绿灯和商店。

什么都不管，只管前行。

迈开双腿，你就会开始放松自己。你的脚步，每踏在地上一步，都会将压力和焦虑释放掉一些。

快走，不受时间和场地的限制，任何时候、任何地方，你都可以前行，前行。

昂首挺胸，大跨步前行，体会那种"没有什么可以阻挡"的感受。

当你的呼吸变得急促，血液循环加快，身体热量有效消耗时，心情会变得愉悦。

这是最平凡的举动，能给你们带来最不平凡的效果！

**如果有一天，
你们的宠物会开口说话了**

它说的第一句话你希望是什么呢?

1 你好，朋友!

2 来根烟。

3 别摸我的脑袋。

4 你看起来很好吃!

175

5　再动我，就抽你！

6　带我出去玩！带我出去玩！带我出去玩！

7　这个狗粮很难吃，能换个牌子吗？

8　你别紧张，其实我们都会说话。

9　别阉我行吗？阉你你愿意？

10　艾玛，我暴露了。

两个人的双皮奶

最爱双皮奶第一口的滋味，嫩嫩滑滑，散发着牛奶的醇香。那种感觉，是多么地美妙！

双皮奶，是广东的著名甜品，广东人踏踏实实的生活态度，在这个不简单的小甜点上就能看到。因为要做好它，确实不容易。

你们可以在家尝试做一次双皮奶。正因为不容易做，所以当你们通过不断尝试成功了时，那种亲手做出来的香滑甜蜜的味道才更不一般。

要做双皮奶，牛奶很重要，一定要选脂肪含量高的牛奶。脂肪含量低的牛奶，不容易起奶皮。牛奶的脂肪含量，包装上是有说明的，你可以在超市比较着买。

原料很简单，只有三样：500ml牛奶、蛋清两个、白砂糖两勺。

接下来，先把牛奶倒到锅中煮开，不要煮太久，一开锅就可以关火。然后把牛奶倒进一个大碗，冷却一会儿之后，会看到牛奶的表面结了一层奶皮，这一步就成功啦。然后，再拿一个大碗，放入两个已经分离好的蛋清，把白砂糖加进去，不停搅拌，直到白砂糖完全融化在蛋清中就可以了。记得，只要白砂糖融化了就不要再打，不然就成做蛋糕了。

这个时候，刚煮开的牛奶也结了一层厚厚的奶皮了。我们需要用筷子把那层奶皮戳破，把里面没有凝固的牛奶倒到我们已经打好的蛋液的那只大碗里去。把蛋清和牛奶搅拌均匀之后，再倒回原来的奶皮之下。最后一步，也是最重要的一步来了，把装有牛奶和蛋清的大碗放入锅中隔水蒸大概十分钟的样子，用筷子戳下去，看看是否还有液体牛奶流出，如果没有，说明里面的牛奶全部凝结，就大功告成啦。

一起来尝尝吧。看，第一层奶皮甘甜，第二层香滑，真是配合得天衣无缝，正是因为有两层，所以才叫作双皮奶。双皮奶，还可以加红小豆、莲子、草莓拌在一起吃，味道更好。

注意事项：

1 要用全脂奶，脂肪含量越高越好；

2 牛奶煮开要放一会儿，让奶皮有时间充分凝结；

3 要用文火慢慢炖，牛奶刚刚全部凝结就关火，老了口感就不好了。

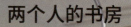

两个人的书房

家里再小，也要布置出一间温暖的小书房。

书房有着很多功能：休息、办公、学习、阅读。一个安静舒适的书房，足以使人心平气和，享用一生。

书房应该采光好。书桌可以摆放在靠窗的位置，在窗台养一棵绿色的植物。在清晨的阳光里看书，是一件很惬意的事情。如果光线太强，可以安两片白纱窗帘。

书房主要的家具是写字桌、书柜及坐椅。书架的放置最重要的就是拿书方便。可以设计成入墙式，或者吊柜式，对于空间的利用都比较好。书柜空出的上半部分墙壁，可以放一些画框。落地式的大书架看起来比较壮观，可以放一些适合收藏的厚重的书。

书架最好选择有整面墙的地方放，这样方便把架子固定在墙上，因为书摆放上去以后，会比较沉，把书架固定在墙上会更安全。

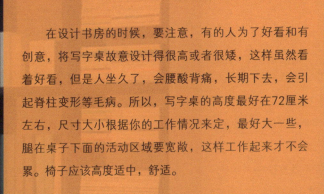

在设计书房的时候，要注意，有的人为了好看和有创意，将写字桌故意设计得很高或者很矮，这样虽然看着好看，但是人坐久了，会腰酸背痛，长期下去，会引起脊柱变形等毛病。所以，写字桌的高度最好在72厘米左右，尺寸大小根据你的工作情况来定，最好大一些，腿在桌子下面的活动区域要宽敞，这样工作起来才不会累。椅子应该高度适中，舒适。

为了让书房更加舒适，你可以再摆放一个软软的沙发和一个光线柔和的落地灯，它们是专门用于阅读的。沙发前，你还可以配一个木质的茶几，上面可以摆书和咖啡杯。有条件的话，你的书房里，还可以放置音响、唱片架，做一面投影墙，放上投影仪，这样，你的书房又变成了一个小型的电影院了。

两个人看《生活大爆炸》

"我不是精神病，我妈妈带我检查过了。"

——Sheldon很搞笑的一句话

Leonard和Sheldon是一对室友，他们精通量子物理学理论，熟悉各领域问题，智商高人一等。但是到了日常生活，他们就没底了。他们还有两个好朋友，自认为是加州理工学院的"卡萨诺瓦"，能用6种语言泡妞的Howard和来自印度的患有严重的"与异性交往障碍症"的Rajesh。有一天，隔壁搬来一位年轻性感的女孩Penny。四个科学宅男和一个美女的故事就开始了。

　　在有《生活大爆炸》之前，人们对理科生的兴趣并不大，但是自从这部美剧上演之后，居然有人开始计划去人大东门办一个核物理学的学生证来泡妞了！

　　很多男生，开始喜欢把短袖T恤穿在长袖T恤的外面。

　　还有很多女生，到处去问Penny穿过的款式的衣服哪里有卖？

　　我也去网上下载了一个Howard妈妈喊他听电话的铃声。在这个剧里，我最喜欢的就是这个角色了！

　　当然，大家最喜欢的，还是那个习惯谁也无法阻挡，不喝咖啡不喝酒，生病时要别人唱歌给他听，可乐要无糖健怡的，食物不能被人碰，不能改电视对比度或高度，不能在他面前撕创可贴，不能坐他的专座，甚至连坐垫也不能动，不能嘲笑他的研究，不然就会被他用意念杀死，不能在他面前吹口哨，早上7点20分要上厕所，敲门一定要敲三下，不会开车，爱收集动漫限量品，喜欢不停地说话，笑的时候很抽抽，全宇宙唯一不明白的就是男女关系的谢耳朵！

当然，其他人物，也各有各的可爱：

Leonard：个矮，朴实善良，离了眼镜就看不清任何东西，不能吃乳糖。爱慕Penny，能忍受谢耳朵的怪癖。喜欢穿带帽子的衣服。

Penny：金发美女，热情开朗，在餐厅当服务员，想成为一名演员。经常遭受谢耳朵的刻薄讽刺，但是毫不在意。对于Howard的猥琐搭讪深恶痛绝。经常被4个宅男的深奥对话弄得一头雾水。

Howard：犹太人，他有一个声嘶力竭的妈妈。四个宅男中，只有他没有博士学位。自认为魅力非凡，会6种语言，对花生过敏。爱穿紧身裤，皮带扣是亮点。

Rajesh：外表羞涩，内心淫荡，一口地道的印度英语。爱穿老样式的鸡心领的毛背心。不能单独和女人说话，喝酒以后除外。和两个诺贝尔奖得主约会过。

随便翻开一本书，对方说翻到哪一页，就读那一页给他听

    这个游戏的好处是，两个人既玩乐了，又读了书。而且，听对方给自己读书，会有一种独特的幸福感，你们也可以试一试。

    2012年，1月17日，他翻开我们床头的一本《真情》（索尔贝娄全集第12卷），我要求他读第94页。

    "很快就会看到，我有充分的理由要重新在芝加哥定居下来，我本可以上别的地方去——上巴尔的摩或者波士顿——不过各个城市之间的差异，多少只是表面经过掩饰的同一情况。在芝加哥，我有些尚未结束的感情事物。在波士顿或巴尔的摩，我仍旧会天天经常想到同一个女人——想到我会对她说点什么，她会怎样回答我。'恋爱对象'，如果精神病学中管她们这样叫着，并不是时常碰上或容易摆脱的。'距离'实际上是一种形式。思想其实并不在意它。"

"在芝加哥那样的地方，主要的威胁就是空虚——任何人之间的隔阂和互不相通，一种嗅起来像漂白剂的精神臭氧，从前，芝加哥有轨电车上总散发出这样一股气味。"

　　这本书翻了一半就一直放在床头，听他读了以后，我又有了继续看下去的欲望。
　　到写这个东西的时候，这本书，已经看完回到书架上了。

一起做普鲁斯特问卷

　　Proust Questionnaire（普鲁斯特问卷）由一系列问题组成，问题包括被提问者的生活、思想、价值观及人生经验等。

　　很多人以为《追忆逝水年华》的作者Marcel Proust是这份问卷的发明者，但其实不是，这份问卷是因为他特别的答案而出名的。

　　普鲁斯特在13岁和20岁的时候分别做了一次调查，发现答案很不一样。

　　你们也可以调查一下，通过它，可以了解彼此更多。

　　你们也可以填写一遍，很多年以后，再来填一次，看看自己的变化。

1 你认为最完美的快乐是怎样的？

2 你最希望拥有哪种才华？

3 你最恐惧的是什么？

4 你目前的心境怎样？

5 还在世的人中你最钦佩的是谁？

6 你认为自己最伟大的成就是什么？

7 你自己的哪个特点让你觉得最痛恨？

8 你最喜欢的旅行是哪一次？

9 你最痛恨别人的什么特点？

10 你最珍惜的财产是什么？

11 你最奢侈的是什么？

12 你认为程度最浅的痛苦是什么？

13 你认为哪种美德是被过高地评估的？

14 你最喜欢的职业是什么？

15 你对自己的外表哪一点儿不满意？

16 你最后悔的事情是什么？

17 还在世的人中你最鄙视的是谁？

18 你最喜欢男性身上的什么品质？

19 你使用过的最多的字眼或者词语是什么？

20 你最喜欢女性身上的什么品质？

21 你最伤痛的事是什么？

22 你最看重朋友的什么特点？

23 你这一生中最爱的人或东西是什么？

24 你希望以什么样的方式死去？

25 何时何地让你感觉到最快乐？

26 如果你做一件事可以改变你的家庭，那会是什么事？

27 如果你能选择的话，你希望让什么重现？

28 你的座右铭是什么？

20岁到30岁，这10年，你们怎么做？

1 这十年，至少要掌握一门外语。要有一门赖以生活和发展，具有足够竞争力的本领。

2 这十年里，一定要找到自己喜欢并擅长的职业，并且，认准了，就此扎根，长期经营，哪怕是从最底层开始做起。

3 这十年，要多看书，多锻炼口才。不能让自己慢慢退化成"脑子快，嘴特慢"，说话颠三倒四，词不达意的人。很多人成年以后，反倒不如童年时那么能说了。

4 这十年，慢慢成为能控制自己情绪的人。

5 这十年，抓紧时间，绝不虚度。

6 这十年，至少去5个想去的地方。

7 这十年，账面上要有一点儿自己的钱。

8 这十年，从不放弃自己的兴趣爱好。

9 这十年，找到自己的爱人。

10 这十年，善待身边所有的人。

有了他（她），健康是你的责任

请你健康地活着，为了爱你的人。

我长大离开家的那一天，母亲叮嘱我：生命和健康是最重要的！

这样的话，从小听到大，都习以为常了。再过了一些年，才知道，它真的很重要！

人活着，就要好好活着。爱自己，才能爱别人。

一个成年的人，最应该学会的就是照顾自己。有了他（她）以后，你不再是一个人了。首先，你要保证自己是一个健康的人，才能给他（她）幸福。

当你有了他（她），你没有随意糟蹋自己身体的权利。糟蹋原本健康的身体，就是不负责任，是一种犯罪。

用牺牲健康的代价去换取名利，那是最愚蠢的做法！

健康，是我们活着去做其他一切事情的基础。有了它，你的梦想才能有机会实现。

可能现在你还无法体会，当家中有人生病了，是一件多么消耗人、折磨人的事，你们的生活将被改变，就连家里的家具和空气的味道，都发生了变化。

大多数人，生下来就是健健康康的。后来的毛病，都是一点一滴的坏习惯造成的。

你失去了健康，伤害的是爱你的人的心。只有他们，才是世界上最在乎你感受的人。

当你躺在床上痛苦呻吟，他们的心里，会因为无法帮到你，而比你更难受！

 每天都要吃早饭，不能吃饭再没点儿。

 劳逸结合，少熬夜加班，不要太累。

 规律饮食，吃得清淡一些，不要暴饮暴食。

保证充足的休息和睡眠。

 少抽烟，少喝酒，少喝饮料，少吃烧烤。

 每天运动。

 多喝水。

 有了问题，及时去看医生，不要拖。

　　好好保重自己的身体，这是你为你的爱人能做的最重要的事！

8个夜晚
——两个人最难忘记的sex时刻

1 初次的亲密

2 小别胜新婚

3 新婚之夜

4 离别之夜

5 对方的生日夜晚

6 在度假地的夜晚

7 激烈吵架之后的和好之夜

8 充满幻想的角色扮演之夜

心情烦躁时，陪她（他）做什么?

1 放点儿热水，洗个澡。

2 购物去。

3 下楼走一走。

4 出去吃点东西。

5 联机打游戏。

6 去拜访一位导师，或者朋友。

7 画画。

8 下棋。

9 短途旅行。

10 KTV，两个人的包间，唱歌。

两个人的蜂蜜柚子茶

深秋季节，一个个黄澄澄、胖乎乎的柚子又被摆上了水果摊。

《本草纲目》中说：柚子味甘酸、性寒，具有理气化痰、润肺清肠、补血健脾的功效，能治食少、口淡、消化不良等症，能帮助消化、除痰止咳、理气散结。柚子皮顺气、去油解腻，是清火的上品，长期食用还有美容之功效。

春秋季节，最容易上火和喉咙干燥。尤其是当他喝酒和抽烟之后，更加容易喉咙干燥，有痰。蜂蜜柚子茶是最方便的败火去痰的东西，超市里卖的柚子茶很贵，最便宜的，都需要四五十块一罐。不如自己在家中亲手做一罐蜂蜜柚子茶，在干燥寒冷的季节冲上一杯，热热地喝下去，一定很舒服。

蜂蜜柚子茶DIY

材料:

柚子1个　　　　蜂蜜　　　　冰糖

1 先把柚子皮洗干净，仅仅用水洗当然是不够的，洗的时候加一些盐揉搓，会洗得很干净。

2 用小刀把柚子皮外面那一层黄黄的皮削下来。一般来说，柚子皮最苦的部分是黄色皮下面的白色皮。所以削的时候根据自己的口味取舍，白色越多，苦味越大，当然，镇咳祛痰败火的效果也更好。

3 把削好的柚子皮用食盐揉搓，反复两到三次，可以帮助去除柚子皮的苦味。

4 另一种去除柚子皮苦味的办法是用盐水浸泡，最好泡一个晚上。

5 把已经处理过的柚子皮放在加了食盐的清水里煮三到五分钟，然后取出滤净水分。

6 这个时候，我们处理好的柚子皮的苦味已经非常淡了。把柚子的果肉用搅拌机搅碎，和处理好的柚子皮一起放进无油的锅里，加入一碗清水和冰糖，用小火熬制一到两个钟头。看到果肉开始黏稠，柚子皮色泽金黄就可以了。熬制的过程中，注意要经常搅拌，这样才不会粘锅。

 **7** 把柚子茶盛出来，放凉了之后，再加入蜂蜜，就是名副其实的蜂蜜柚子茶啦。装入密封的容器，放入冰箱里。2～3天之后，就可以食用了。

 **8** 经过我们几轮的腌制和处理，这时的柚子皮苦味已经非常淡了。想喝的时候，取一小勺放进温水里，就是又香又甜的蜂蜜柚子茶了。

叶子映画

我曾经住过地下室、住过平房，也住过筒子楼、公寓楼。不管住在哪里，哪怕只是很短的时间，我都很喜欢布置自己的房间，让它看起来像一个温暖的家。房间布置多了，就有了一个小小的经验，那就是：一个房间，不管有多简陋，只要打扫干净，露出建筑材质的本色，再加上这三样东西，就能立马舒服和生动起来：1.画框；2.台灯；3.窗帘。

现在要说的是画框。里面有很多可以放的照片。你自己的照片和家人的照片，一张明信片或者自己亲手拍的照片、画的画，都可以被装裱起来，挂在墙上。

最近，我从朋友那里学来了一种很美的作画方法，画出来的东西装在相框里，非常有感觉。那就是，叶子映画。

到了秋天，树的叶子由绿变黄，随风飘落，覆盖了整个大地，形成了秋天里一道美不胜收的风景。下班的时候，在回家的路上捡拾一些树叶，带回家去。

你可以捡拾各种大小和形状各异的树叶。可以是很完美很完整的叶子，也可以是已经干枯残缺的叶子。

　　回到家里，就可以动手作画了。先挑选自己满意的叶子，然后用毛笔把叶子涂上颜色，再印到选好的纸上。

　　要注意，如果把颜料涂在叶子的正面，就会纹路不清。最好涂在叶子的背面，而且不要涂太多颜料，一点点就好。

　　然后再把带有颜料的叶子按在纸张上面，一片叶子就印完了。

　　你可以根据自己的想法，组合这些叶子，大小多少，随你喜欢。

爱，就是两个人
一起吃成大胖子

　　两个人在一起之后，吃饭成了一件非常重要的事。谈恋爱时，两个人一起吃饭会是交流感情的好方式，而如果住在了一起，那么每天一睁开眼第一件事，就是要一起吃饭。一起做好吃的，一起找好吃的，一起吃好吃的。爱就是这样，两个人一起吃，吃成两个大胖子。

　　情侣的意义应该在于分享，分享很多美好的东西。如果你看见一处美景，你会十分期望他在身旁和你一起分享。如果你买到一件非常漂亮的衣服，一定希望他能看见并且得到他的夸奖。就像如果你吃到一样好吃的东西，一定也希望能和他一起，哗啦哗啦地吃个够。

　　去你们所在的城市，搜罗各种美食，一起分享吧。

去那些很有口碑的店，点它们最拿手的好菜。

向朋友打听，他们最喜欢的小吃店在哪里？

关注报纸和论坛信息，哪里又有新店开张了？还打折？一般新开的店，味道都不错。

不要畏惧路远，你们可以打上30元的车，从城东到城西，只是为了吃一碗辣乎乎的担担面！

走遍你们城市的角角落落，一起吃。不再担心能否保持好身材，反正已经名花有主。也不要担心他会嫌弃你，他也比你好不到哪里去！

英语里，小肚子上的肉，被称作：love handle。

这是多么有爱的一个名字啊！

去这里找好吃的吧

❤ **北京美食**

王胖子驴肉火烧

特点：这里的驴肉火烧很正宗，黄灿灿的火烧悠闲地卧于柳条篮中，看着就香。一口下去，绵软的驴肉连带着香酥的火烧，加上青椒的那一抹清新，再配着一旁等候多时的小米粥，真是死而无憾了。驴肉（杂）汤连喝带捞也挺过瘾。总之，味美量足，价格低廉，值得强烈推荐。

地址：西城区鼓楼西大街80号

营业时间：10:30—22:30

人均消费：￥20

招牌菜：驴肉火烧 驴杂汤 小米粥

老头猪蹄猪肘

特点：摊主爷爷总戴个黑框大眼镜，笑呵呵的。前边排队的人其实不多，但架不住个个都十来个地买，等得人心急。好容易买到，抱着就啃上了——果然入口软

206

糯，富有弹性，酱香浓郁，久久回味；可惜确实很咸，吃了多半个嘴唇都木了，口重的人应该更喜欢。买了猪蹄、猪肘，爷爷会送你汤，两勺一份，单装的，拌饭挺好。

地址：海淀区西翠路3号院(苏宁电器对面)

营业时间：15:15，2盆猪蹄2盆肘子卖光，1～2个小时

人均消费：￥50

招牌菜：猪蹄 猪肘 老汤

张妈妈特色川味馆

特点：很喜欢这种有爱有家的家常的名字，光是听着就让人从心里感觉到舒服。这家的川味菜很容易下饭啊，喜欢那个回锅肉，一点儿都不感觉油腻，女孩子也不用担心。小炒就是有点儿辣辣的感觉，不错，很是开胃。担担面也很爽口。

地址：东城区安定门内大街分司厅胡同5号

营业时间：10:00—23:00

人均消费：￥35

招牌菜：担担面 回锅肉

螺蛳粉先生

特点：粉的味道和性价比真没的说。所有原料都是

从广西运来，这是真的。因为除了非常正宗之外，价格也比北京其他店便宜不少。店主很热情，服务也好。

地址：海淀区北三环西路5号(北京大学生体育馆附近)

营业时间：10:00—23:00

人均消费：￥20

招牌菜：脆皮 酸笋 螺蛳粉

♥ 上海美食

熙盛源馄饨店

特点：环境是清爽的江南古典风格，不嘈杂，不脏乱。无锡小笼包初看有些贵，但个头大，内里一包汤汁，甜里透着鲜，鲜里裹着香；肉馅快赶上包子馅了，块大、紧实，吃着很过瘾。馄饨每种都不错，料足得不得了，汤底还有蛋花、虾皮和紫菜。真希望在市区多开几家，此外，店里还外卖半熟的小笼包。

地址：嘉定区丰庄路389号(曹安路附近)

营业时间：6:30—19:30

人均消费：￥15

招牌菜：小笼包 红汤辣馄饨

阿木龙虾

特点：小龙虾活抓现烧，等的时间有点儿长；吃起来肉质紧实、饱满，只只新鲜、入味。螺蛳也不错，等待龙虾期间点一盘嗞嗞，很鲜美。是个适合消夜的地方，晚上来热闹热闹。

地址：杨浦区包头南路79号(佳木斯路附近)

营业时间：16:30—24:00

人均消费：￥40

招牌菜：小龙虾 螺蛳

辛香汇

特点：说到上海大排长龙的饭店，一定少不了辛香汇，每次去人都多得要扑出来。菜单采用每月一期的杂志形式，改良川菜符合本地人口味，辣度、咸度、油量控制得比较好。

地址：虹口区同丰路699号百联购物中心4楼(北宝兴路洛川东路附近)

营业时间：11:00—22:00

人均消费：￥50

招牌菜：水煮鲇鱼 馋嘴牛蛙 钵钵鸡 土豆泥

小杨生煎

特点：沪上经典的小吃店。开业年头不长，名气却很大，尤其是南京东路店、万达店和吴江路店，生意非常火爆。生煎和牛肉粉丝汤是每次的标准件，一个皮薄、肉鲜、汤多，一个鲜美浓郁，叫人欲罢不能。

地址：黄浦区南京东路720号第一食品2楼(贵州路附近)

营业时间：10:00—22:00

人均消费：￥15

招牌菜：生煎 牛肉汤

♥ 成都美食

王妈手撕烤兔

特点：隐在玉林街的某个小巷里，每次去都无奈地融入长长的等候队伍。烤兔用锡箔纸包着，无论麻辣味还是五香味都很好吃，外酥里嫩，干香干香的；兔头也是一绝，香辣兼具，不失为下酒佳品。

地址：武侯区玉林街26号(玉林菜市场附近)

营业时间：24小时

人均消费：￥50

招牌菜：麻辣烤兔 五香烤兔

蜀九香火锅酒楼

特点：典型的川式火锅，红汤九宫格的造型确实有创意，可以将菜下到不同的格子里，方便捞取；味道自然出彩，麻辣鲜香不在话下。要是怕辣，就选鸳鸯锅，白汤非常好喝，涮蔬菜很有味儿。蘸料则是地道的蒜蓉香油碟儿，齐全地摆在桌上，自行调味。环境不说精致，但古色古香。

地址：青羊区一环路西一段160号

营业时间：11:00—23:00

人均消费：￥70

招牌菜：极品鳝鱼 九香排骨 千层肚 鹅肠

双流县老妈兔头

特点：大老远奔去，地方之破，车之多，人之挤，真了不得，果然声名在外。吃兔头不能在乎形象，拿起就啃——肉肉绝对酥烂入味，脑花滑嫩鲜美，麻辣的吃起来最过瘾，五香的适合不吃辣的人。冒菜也不错，大块的土豆、藕、冬瓜、花菜，卤水卤过，很有味儿。

地址：近郊双流县清泰路藏卫路口东(老车站附近)

营业时间：11:00—23:00

人均消费：￥50

招牌菜：五香兔头 麻辣兔头

新辣道梭边鱼

特点：梭边鱼很有特色，基本没有小刺，肉质鲜嫩细滑；采用冷锅的方式制作，专为四川人调配的红汤又麻又辣，吃到最后眼泪鼻涕一起流，过瘾得很。口口脆也非常美味。

地址：武侯区外双楠逸都花园置信路3-7号

营业时间：11:00—23:00

人均消费：￥60

招牌菜：梭边鱼 口口脆

♥ 武汉美食

小屋卤肉大饼

特点：超级小的门面却排着拐弯的队，几个穿白大褂的阿姨，做事很麻利。卤肉大饼味道好极了，饼皮虽是油煎的但不腻，吃起来又软又韧，包着新鲜生脆的大葱和满满的卤肉，咬下去满口丰富的酱汁，混合着面皮的焦香，那个过瘾！

地址：江汉区江汉北路73附2号(渣家路车站附近)

营业时间：6:00—11:00

人均消费：￥10

招牌菜：卤肉大饼 小米粥

何嫂糯米包油条

特点：很有特色的武汉小吃。选用上好的糯米，蒸出来晶莹剔透，黏度适中，有嚼劲，包上摘去头尾的油条，吃起来外润内酥。口味有甜、咸两种，咸的料多，香喷喷的；甜的配上花生粉、黄豆粉或桂花糖，越嚼越有味道。名气响遍武汉三镇。

地址：江汉区解放大道(江汉北路口)

营业时间：6:00—11:00

人均消费：￥5

招牌菜：糯米包油条

楚老宋生活菜馆

特点：老牌家常菜馆，以味美价廉闻名。菜品都是典型的
武汉味儿，又咸又辣，很下饭。酱猪手是招牌，色泽诱人，那皮
入口即化，吃过的都说不错；武昌鱼也百吃不厌，采用传统烧
法，辣、鲜、咸、香搭配得恰到好处。环境还算精致，加上地理
位置不错，性价比挺高。

地址：江岸区汉口沿江大道138号

营业时间：11:00—23:00

人均消费：￥50

招牌菜：臭鳜鱼 功夫泡虾 开胃武昌鱼 酱猪手

严老幺重油烧卖三鲜豆皮

特点：他家的烧卖吃到嘴里，就知道先前的排队啊、抱怨啊都
是浮云，滋味真是太好了——薄薄、透明的烧卖皮混合着胡椒的辛
香和肉丁的鲜甜，一起融化在口中；糯米蒸到入口即化的地步，真
是神奇！早上和中午人都超多，生意好到"卖完即打烊"。

地址：江汉区汉口自治街240号(十九中附近)

营业时间：6:00—11:00

人均消费：￥10

招牌菜：烧卖 豆皮 糊米酒

两个人，一张纸，随便画

信手涂鸦这件事，有不可言说的妙趣。

你的手，跟随你的心，信马由缰，各种图案和线条奔涌而出。那一刻，就像回到小时候，人人都是涂鸦高手。

通过你五花八门的画作，能解密你的内心：

★ 如果你喜欢画星星，说明你心里有闪耀的欲望。

〰 如果你喜欢画锯齿状的线条，说明你心里有烦恼和怨恨。

◎ 如果你喜欢画圆圈，你一定是一个不爱打开心扉的人。

□ 如果你喜欢画框，说明你是一个完美主义者。

← 如果你喜欢画许多箭头，说明你很有企图心。

⊞ 如果你喜欢画格子，说明你正迷失自我。

涂鸦能让人放松、快乐，在一段时间内，集中精力，进而缓解压力和情绪。

现在就摊开一张纸，在上面乱画吧！

陪他看球赛

　　我知道，看球对很多不懂球的女生来说，是一件十分枯燥无味的事情：看着一群大男人疯了一样在球场上跑，就为了追一个小小的球，然后有可能看完全场，一个球没进；或者进了球之后，大家一起欢呼，满场都像爆炸了一样，球星拿球衣包起头到处乱跑，身边的他也欢呼雀跃，你却好像一直在状况外，而身边这个男人，已经高兴得快要把茶几踢翻了。

　　曾看到新闻这样说，每年世界杯的时候，离婚率都会暴增。我想这是因为女人对男人看球这件事，不仅不理解、不支持，而且还反对。

当男人看足球的时候，他真的会目不转睛，完全忘记你的存在。

但是有什么关系，不就是几十分钟的事嘛！

就算你不懂足球，不爱看球，但至少不要反对他喜欢足球，喜欢看球赛。

如果你能主动学习了解足球规则，尝试陪他看球赛，那当然很好。要是还能给他做点儿下酒的小菜，冰上几罐啤酒递给他就更好了。

当然，在一场激烈的球赛过程中，不要不厌其烦地问他比赛规则，不要胡乱评判他喜欢的球员，也不要因为了解了一点儿足球知识，就一知半解，做出一副专业的样子。你就陪着他看就行了，话别多。

收起你的夺命连环call

当你打电话给他，他没接，或者关机了的时候，你会怎么办？

手机关机，意味着，你暂时找不到他。当"你所拨打的电话已关机"的声音传来，你会不会感觉，这个人，一下子消失了？你会突然莫名地紧张和焦虑吗？你会突然胡思乱想吗？

接下来，你可能会做一件事——"夺命连环call"，不顾服务系统的一次又一次的提醒，告诉你对方已经关机，或者无人接听，但你就是很难控制，一遍又一遍地按着重拨键。

他关机，可能有很多理由。这个时候，可能是他手机没电了，或者是在开会，或者，进入了一个没有信号的地方，有着很多很多的可能性。也许你不断地打出去，就是为了验证自己所猜想的那种可能，是不是真的。

但是，你知道吗？男人最害怕的，就是忙完了自己的事，拿起手机，却发现里面有50个未接来电，都是你打去的。

这时他会紧张，会想怎么给你解释。他甚至会觉得，手机对他来说，就是你安在他身上的GPS定位系统。他也会觉得，你很不信任他。

为什么要把彼此都搞得如此紧张呢？他不可能24个小时都是随叫随应的状态啊！电话，是一个用来保持联络的工具，如果暂时联络不上，能不能不要担心？不要紧张？更不要抓狂？

请你平静地放下电话，安心去做自己的事情，等他看到了你的未接来电，自然会和你联系的。

聪明的女人不会"夺命连环call"，她会知道两个人相处，轻松是最重要的。

爱情不能大过天

　　有一个男性朋友苦恼地说：女人，是世界上最难理喻的动物。想要爱情，想要幸福。可是不管怎么样，她们都不满足，不开心。她们需要听好听的，需要送礼物，需要时时刻刻被关心，只要她发出了声音，就需要马上得到回应，回应稍微慢一点儿，就会埋怨你不在乎她。男人，有时候很累，回到家里，希望能沉默休息，可是，如果当着女人的面沉默，就是犯了大忌。本来什么事都没有，她可能会冲你大吼：你根本就不爱我！！！

　　我安慰这位男性朋友：可能对于女孩子来说，爱情是大于其他任何事情的吧！所以，她才需要你每时每刻地关心，随叫随到。恨不得把你变小了，24个小时揣在兜里。

　　可是你知道吗？女人，你视为"大过天"的爱情，如果长期下去，会变成他沉重的负担。撒娇会变腻味，吃醋会变争吵，"你到底爱不爱我？"这个问题，如果你不依不饶地想去得到证明，最后，得到的一定是一个否定的答案！

相爱容易相处难。两个人在一起，不是"我爱你"就够了的。

能不能不把爱情看成生活的全部？和他一起生活的同时，也有自己的生活。

淡然一点儿，自立一些。适当给彼此一点儿距离和空间。

相信他，也自信一点儿。

给他自由，在没有他的时间里，你要毫无焦虑地读书、工作、逛街、聚会。

不要没有他，天就塌下来。

他不是你生活的唯一。你做到了这一点，他反倒会更加珍惜你。

你爱他，但是不让他厌烦。姑娘，你的爱就太成功了！

学习他（她）的家乡话

我们来自五湖四海，为了同一个梦想走到一起。

来自天南地北的人，在另一个陌生的城市相识、相爱、相守，是一种缘分。

你们可能来自距离有上千千米的两个省，生活方式和方言完全不一样。

你听他给家里打电话，他听你给家里打电话，都像是在听天书一样，完全听不懂。

跟他（她）学习他（她）的家乡话吧！下次他（她）给家里打电话时，或许你就可以听明白他（她）到底和父母在说些什么了，是不是在讲你的好话，在计划你们的未来。

你还可以试着用他（她）的家乡话去叫他（她）的小名，看看他（她）是什么反应。

家乡话就像一条隧道，让你穿越过去，融入他（她）家乡的生活，弄明白千里之外的一个地方，那里的人们是如何交流的。

　　方言，有时就是解开一种文化和另一种文化之间的钥匙。学习了他（她）家乡的方言，你会明白他（她）的性格里强烈的地域色彩是从哪里来的。

　　如果你仔细观察，各种各样的地方话都有着十分有趣的特点。比如"爸爸，再见"这句最简单不过的话，用不同地方的方言说起来，就会非常不一样。北京人会说："爸，就这么着，再见啊。"四川人会说："老汉儿，我走了。"福州人会说："侬爸在gian。"陕北人会说："达达，再借。"上海人会说："爷，明朝会啊。"宁波人会说："阿爸，我去了啊。"而绍兴人会说："阿爹，额走哉。"

　　是不是很好玩？听听他（她）的家乡话是怎么说的，学几句来听听吧。

对他的朋友好

　　两个人在一起的时间，有一部分是需要和对方的朋友在一起相处的。对男人来说，在你们相识相恋的最初，认可你们关系的重要一步，就是介绍你给他的朋友认识。

　　我很愿意认识他的朋友，曾经，也是因为了解了他的朋友们都是一些不错的人，才下决心正式跟他交往的。

　　三毛在自己的书里写道："荷西曾经抱着她说，'谢谢你，谢谢你不仅对你的先生好，还对他的朋友好。'"

　　的确，这对一个男生来说，是一件非常重要的事情。因为朋友不仅代表着他生命当中的友情，还代表着他在这个社会中的尊严和地位。所以，你尊重他的朋友，对他的朋友好，有时比对他好更加有用。因为那代表着你尊重他，这是对于一个男生来说非常重要的东西。

　　你不需要对他的朋友嘘寒问暖，也不需要关怀备至。你需要做的，就是尊重他们在一起的时间，在他们见面的时候，不管在场不在场，都表示赞许的意思就可以，不要对他说："又去见你那帮狐朋狗友了！"

　　如果你对他的某些朋友有意见，可以和他私下里讨论，但是不要阻止他们来往，他们既然能成为朋友，对方就一定有他欣赏的地方。

他的朋友里可能有男生，也有女生。这个时候，你要十分信任他和女性朋友之间的友谊，不要疑神疑鬼。因为有时，女性朋友可以为他提供更多的女性观点，成为你们之间关系的指南，他会更明白你在想什么。如果你一味地怀疑他和女性朋友之间有什么暧昧，很可能就会彻底毁了他对你的信任和好感。

　　偶尔请他的朋友来家里吃顿饭，显示你的欢迎和接纳之意。让他和他的朋友都感觉，你是友好和善意的。这样，在他的朋友圈里，你的口碑会越来越好，你的地位自然也会越来越牢固。

一起去参加朋友的婚礼

一起去参加朋友的婚礼，和一起去参加朋友的聚会看上去好像差不多，其实区别还是蛮大的。

小的时候，父母带着我们去参加亲戚朋友的婚礼时，我们是以一家人的姿态出现的，一份礼金，代表我们一家人的心意；一家人一起出现，代表着一家人对对方婚礼的祝福。

而如果你和他一起去参加朋友的婚礼，就意味着你们之间的关系已经走到了一定的地步。他会在婚礼上把你介绍给他所有认识的朋友，而你的出现，也意味着他已经有主了。如此高调的亮相，实在是一件有点儿让人紧张的事。

如果他要求你和他一起去参加朋友的婚礼，一定要用心打扮一下自己。因为那里，会出现几乎他所有的朋友，你一定要以最好的形象出现在他朋友的面前。

你可以这样穿

传统婚礼

一般的传统婚礼会在酒店举行，特点是庄重和正式，所以你选择服饰的时候，也要配合那种气氛。一般来说，最好是选择中长款的小礼服，搭配一个相似色系的手包即可。

在这样的场合，最重要的是简约和端庄，切忌穿太过于隆重的拖地长礼服和吊带的露肩性感礼服，就算里面是件短些的衣服，最好外面也有一件披肩或者外套。

颜色上，以喜庆为主，但是注意不要选择白色或者大红色，那样会抢了新娘的风头。一般来说，柔和的粉色系是最好的选择，粉蓝、粉红、粉绿都不错。还有一点，在选择颜色的时候，不要太多，身上最好是一种到两种颜色就可以了。

现代婚礼

现在大部分人会选择办现代婚礼，主要还是因为现代婚礼的随意和没有束缚让宾主都会觉得很舒服。

如果你参加的是这样的婚礼，在着装上没有太特殊的要求，以简约舒适为主。但是要注意的是，也不能太过于随意，比如一件牛仔裤搭配一件T恤这样过于随意的打扮，就有些不合适了。

出席现代婚礼的时候，如果一定要穿牛仔裤，最好选择面料厚实有质感的材质。上装最好有一件休闲外套，颜色以简单为好，最好不要穿黑色和灰色这样太过于压抑的颜色，清亮一些的粉色及白色、卡其色等都是不错的选择。鞋子最好不要选择运动鞋，一双休闲皮鞋即可。

两个人的梦想基金

两个人在一起，你有你的生活，她有她的生活，你们又共同拥有你们的生活。

在这样的关系里，金钱也是重要的一部分。

"二人基金"正是为了你们那部分共同的生活而设的。

比如，你们想一起去旅行，一起去看一次很贵的展览，一起办一个Party，好多奇怪有趣的想法想去实现。这份钱，正好让你们可以毫不犹豫地作出决定。

与其说那是"二人基金"，不如说是你们共同梦想的盒子，那里面，装着你们一起的生活、一起的梦想、一起的希望。

这笔钱，并不要多。首先，它不能成为你们经济上的压力，也不能成为你们每个月的心痛。一般来说，只要你们各自收入的10%～15%就好。也可以是你们其中的一个有了一笔意外之财，把它存进去。

然后，不要老去惦记那里面存了多少钱。就当那笔钱完全不存在。

有一些想做的事情，总是会在突然的时候找到你，那个时候，你就会和这个梦想一样，忽然想起那笔钱。这种偶遇，比那种抠着算着在银行存钱，有趣得多。那个时候，你们就可以把那些钱一点点地拿出来，一起坐在床上数着钱，想着可以马上去实现梦想，心里别提有多高兴！

即便有一天，你们共同的生活已经不在了，尚且还怀着那个梦想的人，就带着这笔钱走吧。梦想会继续实现。生活最遗憾的，是梦想被丢弃，成为一段永远被挂在嘴上的"往事"。

制定时间表，监督执行

　　在做这个时间表之前，首先你们要从心里告诉自己，要成为一个积极和自律的人。每天按照计划，有条不紊地做事。不要张扬，还没做到，就别把计划拿出去大声说，好像自己已经做到了一样。

　　互相督促，积极投入生活，睡之前看一看这个表，想一想，我们在这一天都做了什么，收获了什么，又有什么教训。最后，在入睡前，想一想心中的梦想，是不是离它越来越近了？

　　7:30　起床。

　　7:30—8:00　在早饭之前刷牙。

　　8:00—8:30　吃早饭。早饭必须吃，它可以帮助你维持血糖水平的稳定，还不容易得胆结石。

　　8:30—9:00　上班。

　　9:30　开始一天中最困难的工作，人在每天醒来的一两个小时内，头脑是最清醒的。

　　10:30　让眼睛离开屏幕休息一下。

11:00　吃一个橙子或颜色鲜艳的水果，这样做能补充体内的维生素C。

12:30　吃一顿饱饱的午饭。

14:30—15:30　休息一小会儿。

16:00　喝杯酸奶。

17:00—19:00　锻炼身体。这个时间，是运动的最佳时间。

19:30　晚餐少吃点儿，多吃蔬菜，少吃富含卡路里和蛋白质的食物。吃饭时要细嚼慢咽。

21:45　做20个仰卧起坐，可以帮助按摩腹部，增强肠道蠕动，保证第二天排便通畅。

23:00　洗个热水澡。

23:30　上床睡觉。如果你早上7:30起床，现在入睡可以保证你享受8个小时充足的睡眠。

时间	做什么	做到了吗	备注
1			
2			
3			
4			
Lunch Time			
5			
6			
7			

能说到一起，才能过到一起

其实，最美的承诺是："让你跟我永远有话说。"

曾有一个四十多岁还是单身的男演员接受访问：你为什么还没有结婚呢？

演员说：没有遇到合适的。

问：什么样的才是合适的？

演员说：就是随时随地能聊天的。

是啊，每个人身边，都有不少的朋友，但是有多少，是你随时随地，都愿意找他聊天的呢？

能和你说到一起的人，是不管白天黑夜，只要你发出声音，他都能回应你，而不觉得厌烦的人。

找一个能畅所欲言的爱人，是一种幸运，也是一种幸福。

有些话，在漫长的岁月里，你可能已经对他说过一千遍、一万遍了，但是，他从来也不会打断你，仍然像第一次听见似的，回应你一声：哦？是吗？

你的苦恼和烦闷、心情和境遇，因为你们能说到一起，他最了然于心。

有时，他也会笑你，但是，你绝不会后悔对他袒露了心迹。

如果有一天，你喜欢的人，对你说："过来跟我说说话吧！"这是一种多么亲密和信任的召唤。

他是你知根知底、知冷知热的朋友。

他是最能深刻理解你的人。

有了对方，你们就不再孤单、寂寞。

两个人在一起，最怕的就是没话说。

找个能聊得来的人做伴侣，不容易。

等你们老了，坐在一起，就会知道，喜欢说话，原来是一种很大的优点。

写信告诉他，你感恩的心

有杂志采访林青霞，她说，她和老公最常用的交流方式不是交谈，而是写信。他们用信来交流，来告诉对方自己想说却无法用语言表达的话。时间久了，他们的信已经有厚厚一沓了，她说，那些信，就像他们之间的感情一样，慢慢变得越来越深厚。

写一封信给他吧。把一些平时觉得说出来肉麻的话，写在纸上，投递给他。

记得用一张漂亮的信纸，如果用钢笔，效果更好。

写信之前，想象他就坐在你的面前，倾听你的心声。

很久不写信了，可能刚开始不知道如何落笔，这时候，就告诉自己：讲心里话就行了。把你的感受、你的爱和希望，都告诉他。

语句尽量简单明了，不需要华丽的辞藻。

长期使用电脑，写信的时候，你会发现自己的字已经没有过去写得好看了。但没关系，这就是真实的你。

在信里，你还可以告诉他，你的需要和渴望。这些可能都是平时你不好意思提出来的。

一定要以爱作为信的结尾。

告诉他你感恩的心，一种积极正面的能量会在他拆信的瞬间传递，你们的爱，一定会向上生长，这是感恩，给你的回报。

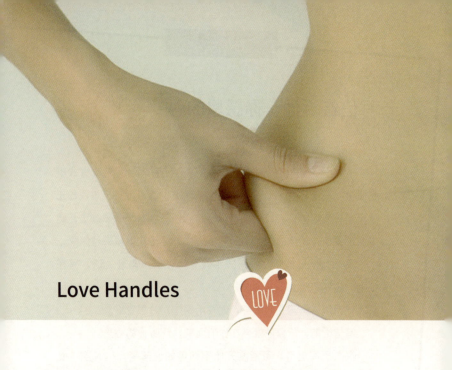

Love Handles

说来也奇怪，同一个部位，竟然有不同的名称。不一样的名称，又带来不一样的感觉。

你的臀部上方，两块小肥肉。有的人，叫它"游泳圈"。圈数多了，还有人叫它"米其林"。这样的称呼，让人听了很来气。但是也有好听的、甜蜜的，有人叫它：Love Handles，"爱的小把手"。

你有没有一个老是减肥失败的女朋友？她总是对自己的身体不满意，总是觉得自己不够瘦，总想"再瘦几斤就好了"。尽管对你来说，她不管是胖瘦，你都无所谓，都接受，但你是不是从来没有告诉过她：你已经很好了！

始终用"理想身材"来要求自己的人，哪怕已经很苗条了，却仍然不会满足。仍然会节食，乱吃减肥茶、减肥药，运动，又坚持不下来，充满挫败感。

　　如果你爱她，请帮助她"接纳自己"。

　　告诉她，减肥的目的就是为了自己和他人欣赏自己，那么，我已经很欣赏你了。请你别这么做。告诉她，其实胖一点儿挺好，胖一点儿皮肤好，胖子能给人温暖踏实的感受。而且，抱着一个肉肉的女人睡觉，很舒服。

　　不要挑剔自己，不要勉强自己，做一个快乐的胖子，做一个健康的女人，才是最重要的。

　　因为，你喜欢她的Love Handles。

在他父母的结婚纪念日，
送上你们的礼物

　　对于父母来说，结婚纪念日是很重要的日子。现在的父母对自己的结婚纪念日一般都很低调，不会太张扬地去过。甚至他对自己父母的结婚纪念日也不大会留心，因为那和父母的生日比起来，似乎少了些重要性。但是对于你们之间，他父母的结婚纪念日却有着特别的意义，他父母结婚的日子，就意味着离他的降生不远了。而正是因为父母走到了一起，才有了你的爱人。所以，对于他父母的结婚纪念日，你要格外留心。在那天，忽然给他父母送上一份小礼物，不仅他的父母会十分地开心和感激，对于他来说，也会懂得你是如何把他放在心里的。

　　这些礼品适合送给他父母：

 纪念品

　　戒指、耳环、手镯，都是送给父母的常用赠品。一般送的话，最好送一对。不一定需要特别贵重，但是需要精致一点儿。送给他的父母，让他们体会历久弥新的感情历程。另外，十字绣的双人枕套、精美的有纪念花纹的四件套、有装饰性质的摆饰都可以作为纪念礼物送给他的父母。

送回忆

　　父母结婚那么多年，会有很多经年的回忆，都落上了尘埃。在他们的结婚纪念日，你可以把他们当初的结婚照拿去重新装裱一下，送给他们。如果他们当初没有结婚照的话，干脆送他们一套婚纱照的套餐，让他们重温一下新婚的感觉。此外，可以考虑的还有：制作他们的家庭录影带，安排一次父母回到当初认识对方的故地重游一次。总之，是以怀旧和回忆为主题，迎合老年人爱怀旧的心理。

 投其所好

　　每个老人都会有些自己的小爱好，有的爱养花，有的爱听音乐，有的爱看书看报，有的喜欢跳跳舞唱唱歌。在他父母的结婚纪念日，你可以根据他父母的爱好，为他们量身定做一份礼物。可以送一双舒适的跳舞鞋、一些书、一个收音机或者鱼箱、鱼竿之类的。

 蜜月旅行

　　在他父母结婚的那个年代，应该很少有蜜月旅行这种说法。所以当初父母结完婚之后，就是按部就班地过日子，错过了蜜月这个最美好的时期。在他父母的结婚纪念日，你可以为他的父母安排一次蜜月旅行，那个时候，老人可能需要两个人单独相处，回忆这些年来婚姻中的酸甜苦辣。现在很多旅行社有适合老年人的线路，找有信誉、口碑好的旅行社，能保证老人的安全和旅行质量。

遇到好人就嫁了吧！

曾经，我们对结婚这两个字不屑一顾，觉得那是好遥远的事情。但是转眼之间，身边的朋友一个个都结婚了。接着传来一个个怀孕的消息，再不久，去吃他们孩子的满月酒，然后昨天，你听说他们的孩子已经会走路了。

而你呢？有可能还在单身，还在恋爱，还在等待。

等待那个愿意嫁的人。等待他主动开口，向你求婚。

原来我也不承认，每个女人都有一颗恨嫁的心。但当时间推移，渐渐知道了，找一个人结婚好难！

过了25岁，时间仿佛就过得更快了。眼看着，懵懵懂懂地，就活过了该结婚的年龄。本来自己就着急，家里又在催，越催心越烦。

无主的姑娘们，都会拿事业当挡箭牌，做出一副女强人的架势，斗志昂扬，但是，只有自己才会知道，每天西装高跟鞋，走进办公室，对下属发火，迎接的却是同情的目光。下班后，疲倦中听见当初被自己甩掉的那个男人的婚讯，心里是何种滋味。

有主的姑娘，心里打鼓，这个人到底行不行，值不值得托付终身？是不是还有更好的？思来想去，时光流逝。终身大事，若无人提起，两个人也就混过去了。

　　想结婚，但是又怕结婚。因为周边埋怨"围城"的人
太多了。太多人说，一结婚，一辈子就给"套住了"，似
乎，结婚就意味着失去了自由，这辈子就完了！

　　但是，你有没有想过，结过婚的人，出来都是讲
结婚的坏处，那是因为他们需要宣泄掉压力和负面的东
西，然后回家继续过幸福的日子。而一出来就大讲"我
多么幸福"，恐怕会被人笑"二"吧！

　　婚姻好不好，需要自己过了才知道。

"有花堪折直须折，莫待无花空折枝。"

其实，女人年纪越大，越不知道自己要什么。

人人都有无助、脆弱、没有安全感的时候。谁不渴望有个人相伴，相濡以沫，风雨同舟？如果遇到一个不错的人，就不要再等了，就是他了，结婚吧。如果没有抓住这个机会，将来，你有可能会为结婚而结婚，从而感叹，曾经错失了好时机！